SUDOKU PUZZLE BOOK FOR ADULTS MEDIUM

WITH SOLUTIONS

ROBERT J. NASH

THIS BOOK BELONGS TO:

_____

_____

_____

_____

Puzzle 1

6	1	4		3	5			2
9	7	5	2	6	8	1	4	3
2	8	3	1	7	4	5		
	5	1	8	9	6			
7	6	2		4		9	5	8
4			7	5	2	6	3	1
1		7	5	8		2	9	6
	3		6		7	8	1	4
	2	6	4		9	3	7	5

Puzzle 2

4	5	8		2	6	3	9	7
9	7				8	5	1	6
	6	3	9	7	5	8	2	4
2	4	5	7			1		
8		9	3		4		7	2
7		6		1			4	5
6	2	4	5	9		7	8	3
	9	7	2	8	3	4	6	
3	8	1	6		7		5	9

Puzzle 3

4	7	6		3	1	9		
	5	8	4	6	9	7	2	1
2			7	8	5	4		3
6	9	7	5		3	1		8
8	4		1	9	6	3	7	2
1	3		8	7	4	5	9	6
9	2	4		1	8	6	5	
5	8	1	6			2		
7	6			5	2			1

Puzzle 4

5		6	9		1	2	7	3
	4	7	3			6		9
3	9	1		6	7	4		5
9	2			7				8
6	7	5	4	8	9	3	2	1
1		8		2	5		4	7
	1	2	5	3	6	8	9	4
8	6	3	7	9	4		5	
4	5	9		1		7	3	

Puzzle 5

1	7	5	8	2	3	9	4	6
9		3		5	6	8		
2	8	6	1		4	3	7	
7	9	2	6	8	5	4	3	1
8	6		4	3			9	
5	3	4		7	1		2	
4	5		2	6	9		8	3
3		9	5		8	7	6	4
6			3	4	7			9

Puzzle 6

	8		7			3	6	1
7	4		8		6	2	5	9
6			9	5		8	4	7
4	3		6	9		1		5
2	1		3	7	4	9	8	6
8			2	1	5	4	7	3
3	7		5	8	9	6	1	4
1		8		6	3		9	2
9	6			2	7	5	3	8

Puzzle 7

3	9		8	1	6	2	5	7
	1	5	4		3	6	8	9
6	8	7	9		2	1		
1		8	6	9	7	3		5
5		3	2		8	9	7	
9	7	2	5	3	1		6	
7	3		1	8	4			2
8	5		3	2			4	6
4	2	9	7	6	5	8		3

Puzzle 8

6		1	8	3	7		5	4
5	7	2		9	6	1	8	3
	3	8		1	5	9	6	7
8		7	1		3	5	9	
3	1		6		9	4	7	8
9		4	5	7	8	3	2	1
1		9		8	2			5
	8	6	3	5	4	7	1	
7	5	3		6	1	8		2

Puzzle 9

9	3	7	5	8		4	1	
	5	6	4	7	9		3	8
4	8		1		3	7		5
8		1	3	4	7		6	2
6		4		1	5		8	7
	7		8	2	6	9		1
2		9		3	1	8		
7	4	5	6	9	8	1		3
3		8		5	4	6	7	9

Puzzle 10

7			9	3		1		6
9	6			2	4	5		3
4	3	1	7	5	6	2	9	8
	7	4	3		5	6		9
8	1	5		6	9	3		7
6		3	2	7	1	8	5	4
1			5	4		9		2
5	4	6	8	9	2	7	3	
3	2	9	6			4	8	5

Puzzle 11

4	8	1		9		2	5	3
7		3	4	1	5	6	9	8
9		5	3	2	8		1	
8			1	6	9		2	7
3	1		8	4	7	5	6	9
		9	2		3	4	8	
	3	7		8	1		4	2
2	9		5		4		3	6
		4		3	2	8	7	5

Puzzle 12

1	6	8	7	9	2			5
4		7	1	3				9
	3	5		6	4	2	7	1
	9	3		1	7			4
7	5	1	4	2			3	6
2		6	5	8	3		9	7
5	1	2		7	8	4		3
6	8	9	3	4		7	5	2
3		4	2	5		9	1	8

Puzzle 13

9	.	6	.	4	.	1	.	.
4	8	3	7	2	1	5	6	9
1	7	2	6	9	5	4	8	.
.	2	4	1	6	9	.	.	5
.	.	1	2	7	4	8	9	.
.	.	9	5	3	8	2	4	1
6	9	7	4	.	.	3	.	8
3	1	5	9	8	.	6	2	.
2	4	8	.	1	6	9	5	7

Puzzle 14

3	.	5	7	.	1	2	6	.
.	7	4	3	.	6	9	1	.
8	.	6	4	2	.	7	5	.
7	4	.	8	3	5	6	.	.
5	6	8	9	1	2	3	4	7
1	2	3	6	4	7	8	9	5
.	.	2	.	9	8	5	7	6
.	.	7	.	6	4	.	.	2
6	5	1	.	7	3	4	8	9

Puzzle 15

8	2	.	4	9	1	3	5	7
4	3	7	8	6	5	1	2	.
9	5	1	2	.	3	6	4	8
1	9	8	7	3	2	5	6	4
.	6	5	9	8	4	7	.	.
3	7	4	.	.	6	8	.	.
6	8	2	.	.	.	9	.	5
5	1	.	.	2	8	.	7	6
7	.	3	6	5	.	2	.	1

Puzzle 16

8	.	.	1	4	7	5	3	.
3	1	4	5	6	9	7	2	8
6	5	7	8	3	2	4	.	.
.	6	8	9	7	5	1	.	.
7	.	.	.	8	3	9	5	2
.	3	5	4	2	1	8	6	7
.	8	9	3	1	6	2	7	4
4	.	6	.	.	.	3	9	1
1	.	.	7	9	.	.	8	.

Puzzle 17

3			1	7	9		2	4
9		4	5	2		1	6	3
2	1	8	4	3			9	7
	2	5		9	3	6	4	1
4	9		8		5	3		2
7			2		4	9	5	8
1		7			2	4		9
	8	2	9	4		7	3	
6	4	9	3	8	7		1	5

Puzzle 18

4	8	5	3	7	1	9	2	6
				5		6	8	3
		3	6	4	9			7
8	6	9	1		4		7	5
1		3	9	5	7		4	
5		4		6	2	3		1
6	4	2	7		3	5	1	
9	1	8	2		5	7	6	3
		5	7	6	1	9		8	2

Puzzle 19

8	9	2		6	4		3	1
7		5	8		2			4
4	1	6	9	3	7			5
		9	7	8	3	6	5	
5		7		2	6		1	9
	2	3	1	9	5	4	8	
	5	8		4	9	1	7	
9	7		6	5	8	2		3
3	6		2		1	5	9	8

Puzzle 20

	8	3	9	5	1	2	7	6
1			8			9		
6	5	9	2	3		1		4
9		2	7	8	5	4		1
8	4	1	3		9			5
3	7	5	6	1	4	8	2	9
5	9	6		7	2			8
7	3	4	1		6	5	9	2
2		8	5		3	6	4	7

Puzzle 21

6		4	8	1	3		7	
7	8	9	4				2	3
5	1	3				8	6	4
2	4	7		3	8			5
3		1	6	5	7	2	4	8
8	6		1	2	4	9	3	
	3	8				4	9	2
			3	4	1	7	8	6
4	7	6	2	8	9	3	5	

Puzzle 22

7	1	9		3	4		5	2
3	6	8	5			4		1
4		5	8		1	7	3	6
8	7	6			9	1	4	3
			1	7		9	6	5
5			3	4	6	2	8	7
6		7	4			5	2	9
9	5	3	7			6	1	4
1	4	2		6	5	3		8

Puzzle 23

	6	5			4		7	8
	1		8	6	5	9		3
9	4		3	7		5		6
5	3	6	4	1	8	7	9	2
8	7		5	2	6		3	1
4	2	1	7	3		6		
2	9	3		4	1	8	5	7
1	8		2	5	7		6	
6	5		9	8	3	1		4

Puzzle 24

	3	4	7		8	5	6	9
8	1	9	2	5	6		4	7
7	5		9	4	3			8
3	6		1	7		9	5	4
9	4	2		8	5		7	1
1		5	4	6	9	2		3
6	9			2	7	4	3	5
5	8	3			4	7	1	2
4	2	7				8	9	6

Puzzle 25

1	9	8	6	2	4	3		5
5		6	1	9	3	2	8	
	2	3	8	7	5		9	6
7	5	9	2		1	8	4	3
6	1		7			5	2	
3		2	5		9	6		7
2	4	7	3	8	6			
9	3	5		1	2	7	6	
	6	1	9				3	2

Puzzle 26

8	3	5	9	2	4		6	
	4	1	7	8	3	5		9
9		2		5	6		3	4
3	6	4	8	1	9			5
7	2	8	6	4	5	1	9	3
1				3		6	4	
4	9	7		6	1	3		2
2	1	3		7	8	9	5	6
5	8	6					1	7

Puzzle 27

2	9	8		3	1		7	6
3	4	6	7		5		9	
5	7	1	8	9	6		4	
4	8		3		7	1	2	5
6	5	7			9	4	3	8
		2		4	8	7		9
7	2				3	9	1	4
8	1	3	9	7		6	5	
		6	1	5		3	8	7

Puzzle 28

	3	8	7	4	1			5
4	6			9		8	2	
9		7	8		2	1	3	4
	1	4	3	5	8		6	2
6		5	1	2	4	7		3
		3	6	7	9	4	5	1
3	7	6	9	1		2		8
	8	2	4		6	5	7	9
5		9	2		7			6

Puzzle 29

9	3	5	6	2	8	4	1	7
1		7	3		4			5
2		6		7	1	3		8
	2	1		3	5			9
		8	9	1	6	7	3	2
3	6	9	7	4	2	8	5	1
6	7	4	1	8	9	5	2	3
5		3		6			8	
8	9		4	5	3	1		6

Puzzle 30

3	7	8	6	2	9		1	4
	1	6				2		9
	2	4	8	1		3	7	6
6	4	7	2	5		8		1
8	9		7		1	4	2	3
1	3	2	9	8	4	6	5	7
4	8			7	6	1	3	2
	5	1	3	4	2		6	8
2	6	3	1	9				

Puzzle 31

	2	6		3	9	8	7	4
3	4	5	8	2		9	1	
		8		6		3		2
		9	7		8		3	5
4	5	7	2	9	3			1
	1	3	4	5		7	2	
6	8	1	9	7	2		4	3
	3	4	6		1	2	9	7
9	7	2	3	4	5	1	6	

Puzzle 32

7	6		2	8			3	9
5	4	3	1	6	9	7	2	8
9	8			7		5	6	
8	1	4	7	5	6		9	2
3	7	9	8	2	1		5	4
2	5		9			8	1	7
1	2	8	5	3	7	9	4	6
6		5		1	8	2	7	3
4		7		9		1		

Puzzle 33

8	3		9	5	1	7	4	2
2			6				9	3
		9	2		3		8	6
4	6	5		9	2	8	3	1
3	1	9	4	8	5	2		7
7	2		3	1	6	9	5	4
9				3		6	2	5
6	7	3		2	9	4	1	8
1	5		8	6	4		7	9

Puzzle 34

		5		1	4	3	7	
		4	6	9	3	2	5	8
6	2		8	5	7		4	9
3	6	2	9		5	7	1	4
5	4	1	3	7	6		9	2
9		7	4	2		5	6	3
4	1			2				7
2		6		3	9	4	8	
	3		1	4		6	2	5

Puzzle 35

4	2		7	6	1	8		5
5	9	7	4	3	8	6	2	
		8	9	5	2	3	7	4
8	7		6		3	5		
	3			1	4	7	8	6
6			8	2	7	4		9
7		1	2	8	6	9		3
9	8	2	3	4			6	7
3		6	1	7	9	2	5	

Puzzle 36

8	1	5			4	7	3	
3	6	4	7	5	8	2	1	9
			1	6	3	4	5	8
1	7				2	8	6	
	5	2	8	1	9		4	
4	8	3	6	7		9		1
5	4	1	9		7	6	8	3
7	2		3	8	1	5	9	4
9	3			4	6	1	7	2

Puzzle 37

3	4	1		6	2	8	5	7
9	2	6	8			4	1	
	5	7	1	4		2	9	6
5	1	9	3	7	4	6		
6	3				1	7	4	
4				2	9	5	3	1
1		5	4	9	6			2
2	6	3	7	1		9	8	4
7			2	3	8	1	6	5

Puzzle 38

9	1	5	3	8			6	2
8	4		2	9		7	1	
3	7		1	6		9	8	5
5	6	8		3			7	9
1	2	4	8	7		5	3	6
	3	9	5	2	6	1		8
		1			3	6	9	4
4	9	3			2	8	5	7
	5	7	9		8	3	2	1

Puzzle 39

7	1		4		8	9	2	
	8	5	9	3	2	7	1	6
			6	1	7	8	4	5
8	7	3	2	9	4			1
1	2	9			5	3	8	4
5		4	3			2	9	7
6	5			2	3			9
3	4	1	8		9	6		2
		9	5	4	6	1	3	8

Puzzle 40

4	6	1	8	7	5	3		9
5	3		6		4	7		8
7	8	9	3	2	1	6	5	4
6	1		9	5	3		7	2
9	4	5		6		1		3
2	7					5	9	6
3	9		2			8	6	5
1	5	6	4	8	9	2	3	7
8		7	5	3		9		1

Puzzle 41

7	6	8	4	1		2		5
3	2	5		8	6			
		9		3	5	8	7	
	5	2		6	3	7	8	4
	4	1	8	2	7	9	5	
8		7	9	5	4	6	1	2
	7	6	5	4	8			1
		9	3	7		4	6	8
4		3	6		1	5	2	7

Puzzle 42

6		3		9	2		4	1
2		9	7	3	1	6	5	
7	1	8	6	4	5		2	3
5	8	1	9		7	4	3	6
9		7	5		4		8	2
4	2			1	8	5	9	7
		5	2		9		1	
	7		1	5		2	6	9
1	9	2	4		6			5

Puzzle 43

	9	4	2	1	6		7	8
8	2		4	7	5	9	1	3
5	1		9	8	3		2	4
	5		8	4	7	3	9	6
	8	9	6	3	2	4	5	1
	6		1	5	9			7
		1	7	9	4		6	5
9		5	3	6	8	1	4	
6	4	8		2			3	9

Puzzle 44

2	3	6	9		7		5	
9	4		2	1	5	7		6
		1	8	6	3	2		
	5		3	8		9	2	4
	8	2	7	5	9		6	
3	9	1	4	2	6		7	
8	6	9	5	7	2		1	3
1	2		6				8	7
5	7	4	1	3	8	6	9	

Puzzle 45

6	8		3		9			2
	9	2	1	8	7	3	6	4
7		4		5			1	9
8				3	2	6	7	1
3		7	4	6	1	2		8
1		6	7	9	8	4	3	5
4			9			1	8	6
2	1	8	6	7	5	9		3
9			8	1	4	5	2	

Puzzle 46

3	2		4	8		1	7	6
6	5	1	7			3		8
	7	4		3	6			9
4	9			5		8	6	
5	8		6	2	7	9	1	4
		6	9		8	2	3	5
9	6	5	2		4			
2	3	7	8	6	9	4		1
1	4	8	5	7	3	6		2

Puzzle 47

4	7	8	3				2	6
3		1	8	2	6	7	9	4
2	9		7	4		3	8	5
6	4	3	9	7	2		5	
1	2	5	6	8	4	9	7	
9	8		5	1			4	2
	1	9	4	6	7	2	3	8
8	3	2		5		4		
	6	4		3	8			9

Puzzle 48

2	5	4	9	7	8		6	1
8	1	9			3	2	5	7
7	6				5	8		
5	9		8	6	1	7	4	3
1	8	6		3	7	9		5
3	4				2	6	1	
9	3		7	2	4		8	6
6	7		1	5		4	3	2
		2	1	3	8	6	5	7	9

Puzzle 49

3	2	6		9			8	1
		5		1	4	2	3	6
4		1		6	3	9		5
5	4		6	7	2	3		8
1	3	2	4	5	8	6	9	7
		7	1			5	4	
	1	8	3	4	5	7	2	9
2		4		8	6	1	5	3
7	5		9	2	1	8		4

Puzzle 50

9	5	4	8	3	1	6	2	7
8	1	3	2	7			9	
2	6	7		5	9	3	1	8
			9	1	3	8	7	6
6		9	7	2	5			3
7	3	1	6			2	5	
	7	6	3		2	5	8	
1	9	8	5		4	7	3	
3	2		1	8	7	9	6	4

Puzzle 51

	1	8			5	4	3	7
		4	8	9	3	1	6	5
5	6	3	7					
1	7	5	6	3	8	9	4	2
8	3	2		7		6	5	1
6	4	9			2		7	8
	9	6	5	8	4	7		3
4	8	1	3	2	7			6
3	5	7				8	2	

Puzzle 52

2	3	8		5	1	7		
9		4	7	6	8	3	1	2
6	7	1			9	4	5	
3			1	8	2	5		4
4	8	5	9	7		6	2	1
	1			4	6	9	8	3
5	9				4	2	6	7
	4	7	6	2		1		9
1	2		3		7	8		5

Puzzle 53

7		2		3	1		6	4
3			8	4		9		1
9	1		6	5	2	3	7	8
8			4	9	6	7	3	2
2	7	9			5	8		6
	4	3	7	2	8	1	9	5
1	2	7	5	6	9	4	8	
	9	6	1	8	3		5	7
	3	8	2			6	1	9

Puzzle 54

5	9	1			6	2	7	
8	6	4	2		7	1	9	5
7	2		1	5	9			4
9	3	2	8	7			6	
4	1	7	3	6	2	8		9
	8		9		4	7		
3	7	8	5	2	1		4	6
1	5	9	6		8	3	2	
		4	6	7	9	3	5	

Puzzle 55

7			1	3			8	9
9	4	2	5		8	7	3	1
3	8			4	7	2	6	5
6	1	8	3	5	4	9	2	7
	7		2	1	6		5	3
	5	3	8		9	1	4	
5		7		2	1	6	9	8
8	2	6	7	9		5	1	
1	9	4		8	5			

Puzzle 56

2		6	9	3	8	4		
5	7			2	4	3	9	6
3	4	9	5			1	8	2
	2	3	8		5		1	4
	6		3	9	2	8		7
8	9	5	7	4		6	2	
6	3			1		5	4	
4	5	1	6	8	7	2	3	9
		8		4	5	3	7	6	1

Puzzle 57

	5	3	9	7			6	1
		2	3	1		7	8	9
1	9	7	2	6				4
5	6	4	1	2			3	
	3	8	5	4	6	1	2	7
2	7	1	8		3	6		5
4	1	6		8	2	5		3
3	8	9	6	5	1	4	7	2
7		5		3	9	8	1	6

Puzzle 58

6	2		8	4	3	9	7	1
3	4		6	1	9		8	2
8		1	2		5	4	6	
1	5	9		8	7	3		6
2	8	3		9	6	7	4	
4		6	5	3	2		9	8
7	6		9	5		2	3	4
	3	2	7	6		8		
9		4			2	6	5	7

Puzzle 59

	3	2	8	7	4	6	5	
	4	5	9				7	1
	6	9	1	5	3		8	2
5	9	8	6	1		2		4
4	7		3	2	9	5	1	
2	1	3			5		6	7
	2		5	3	8	1	4	
6	5		7	9		8		3
	8	1	2	4	6		9	5

Puzzle 60

8	1	9		7	3		5	
4		3	9	8		7		2
2	6			4	1	3	8	9
3		1	4	5	9	8		7
9	8	4			7	5		1
5	7	6	8	1	2	9	3	4
7	9	2	6	3		1	4	8
6	3	8	1	9				5
1		5		2	8	6	9	3

Puzzle 61

2		8	5	6	1	3		4
4	6			2	3	5	8	
		3		7	4	2	6	1
	1		4		7	6	5	
	3	5	2		6	9	4	
6	8	4	3	5		1	7	2
	2	6	7	9	8		3	5
3		7	6	4	2	8	1	
8	4	9		3	5	7	2	6

Puzzle 62

4	8	9		1	7		3	6
	1		8	2	9	7	5	
		2				9		
9		1	2	5	8		6	3
5	2	3	9	6	4	8	7	1
8			3	7	1	5	2	9
2	4		1		6	3	8	
6	3	7	4	8	2	1	9	5
		9	8	7	3	5	6	4	2

Puzzle 63

7	2	4	5			1	8	3
3		1	2	8	4	7	5	9
	5		3	1		4		
6	4	2		5	8		7	1
1	7	9	4		6		2	8
5	8	3		7	2	6	9	4
8			7	9	1		4	6
	1	6	8	4			3	7
	9		6	2		8		5

Puzzle 64

9	5	4		2		6	7	
6	7	1	8	9		4	2	3
	8	3		7		9	1	5
7		5	4	3	2		6	9
8	2	9		5		1	3	
4		6	9	1	8	7		
3	4		2	6	7	5		
1	6	2	5	4		3	8	7
5	9		3	8	1			

Puzzle 65

1	2	6	5				7	3
	3	5	6	1	4	9	8	
8					2	6	1	5
6	8			5	9			7
5	9	1	4	2	7	3		
4	7		8	6	3	5		1
3		8	9	4		7		6
2	6	4	3	7	1	8	5	9
9	5		2	8	6	1		4

Puzzle 66

4	3			7		1	6	5
2		6		4	5	9	7	8
	5	9	8	6		3	4	2
8	6	5	4		3			1
3		7		1	2		9	6
			6	8	7	4		3
1		2	9	5		6	3	7
6	9	3	7	2	8	5	1	4
5	7	4		3		2	8	

Puzzle 67

7	2	5	1		4	6	3	9
		8	6	7	3	1	5	
3		6				4	7	8
6	8			5		7		3
9	3		8	6		5	2	1
5	7		4	3	1		8	6
1	5	7	3	9	2		6	4
		3	7	1	6	2	9	5
	6	9	5	4			1	7

Puzzle 68

		5	6	1	4	9	3	2
4		9	8	3	2		7	5
6		3	9	7	5			
1	9	8	2	6		7		4
2	7		4	5		3		8
3		4	7	8	1		6	9
5	3			2	8	4	9	6
8	4	1			6	5	2	
9	6	2		4	7	1	8	3

Puzzle 69

9	1		3		8	2		
6	2	3	1	5	9	8		
4	8	5	2	7	6			9
1	6			3	4		7	2
5		2	7		1	9	3	
7	3	8		2	5	6		
3	5		6	8	7		2	9
8	7	1	5	9	2	4		3
		6	4	1	3	7		5

Puzzle 70

		5		6	2		9	7
6	2			9	4	5	3	1
9	7	4	1	5		8	6	
			3	8	6	7	5	4
8	4	6	5		7	3		9
7	5	3	4				2	6
		2	9	4	1		7	3
		1	2	7	8	9	4	5
4	9	7	6		5	1	2	

Puzzle 71

6			2	4	8	1	9	5
2	4	9			1	7	6	
1		8		6	7		2	4
7	2	5	8	3	6	9	4	1
8	9	1	5	2		6	3	7
3		4		1	9		5	2
5	1	6	4	7	3	2		9
9	7	2		8	5	4		3
	8	3			2		7	

Puzzle 72

2	3	9	1		5			
6	4	7	8			9		1
5	1	8	7	4	9	3		6
	5	3	6	1	7	2	9	8
7	2	1	4	9	8	5		
8	9	6		5	2		7	4
3					1		4	9
	7	4	5	3		8	1	2
		8	2	9	7	6	3	

Puzzle 73

6	4	1	3	8	7	9		5
9	7	2		5		3	6	8
8	3	5	6	2	9		4	7
1	2	7		4	6	5	3	9
	6	8	7	9	5		1	2
	9	4	1	3	2	7	8	6
	8	3		6		2	9	1
4	5			1	8		7	3
2	1	6	9					

Puzzle 74

	5	1		9	7		3	4
4	6	7	8		3	2	5	9
9		8			5	6		1
5	8		9	7	6	1	4	2
7	4	9		2			6	
1	2		5		4	3	9	7
6			7	5	8	4	1	3
3	7	4	1	6		9	8	5
		5	4	3	9	7		6

Puzzle 75

9	1	4	7		3	8	2	5
	2	8	5		9			1
3			2	1	8	6		
	9	1		7	4	3	5	
8	6	5	3	9	2	1		4
7		3		5	1	9		2
5	7			8	6	4		3
4		6	9	3	5	2	1	
1	3	9	4	2	7			6

Puzzle 76

6	8	9	5	2	7			4
7	2	4	6	3		5	9	8
3				9		6	2	7
4	5	7		8	3	1	6	9
8			7	1	5	2	4	
	3	2		6		8		5
	7		8	4	6	9	5	1
5	6	1		7	9		8	
		4	8	1	5		3	6

Puzzle 77

9	4	2	8		5	1	3	6
1	7	6	4		3		5	2
3		5	6	1	2	7	4	9
4	5		3		9	2	7	1
6	1	9	2	4	7	5		
2	3			8	1	6	9	
5		3			6	4	1	8
8	6			5	4		2	7
				3	8		6	5

Puzzle 78

	5	2	6	8	7	4		9
6	9	7		4	1	8		5
1		8	9	5	3		7	
2	7	3		9	5			8
	1	4	3	2	6	5	9	7
5	6	9	1	7	8	3		2
4	8	5			9	6	2	
	2			3			7	1
7		1		6	2	9	8	

Puzzle 79

3	9	2	1	6	8		7	5
4	1	8				2	9	6
6					2	1	8	
5		1	7	2	9		3	4
9	6	4		3	1	7	5	2
2		3	6	5			1	9
	3	5	2			4	1	
8	2	9	4	1			6	7
1	4	6		9	7	3	2	8

Puzzle 80

9		3	1	7	5			8
4	7		9	8	6	2	3	
8	6	1	4	3	2	7	5	9
1	5	9			4	8	2	7
7	8		5	9	1		4	3
6	3	4	8		7		9	5
3	9	7	6	4	8	5		2
2	1	6	7	5			8	4
		4			1	9		6

Puzzle 81

7		3	9	4			6	2
1	5	9	3	2	6	7		8
			1	7		5	9	3
9	6	8	2	1	4	3	5	
2	7	1	5		9	4	8	
5	3	4			7	9	2	1
4	2	5	7		1	6	3	9
3	1			9	2		7	5
8	9	7		5	3	2		4

Puzzle 82

8	1	6	4		3		9	2
7	9	3	8	1	2		6	4
5		4	9	7		3	1	8
9	8			2	5		4	7
2	3	5		4		9		1
4	6	7		8	9	2	3	5
	5	9	7		4	8	2	6
6	7	8	2				5	3
3	4		5	6	8		7	9

Puzzle 83

	7	3		6	2	4		5
		4	3		5	1	8	6
5	6			4	1	7		
7	8	9	2	5	4	3		1
3	5	1	7			8	4	2
6	4	2	1		8	9		
9				1	7	5		8
	3	7	5	2	9	6		4
4	1	5	6	8	3	2		9

Puzzle 84

6	3	2	9	8		5		7
1	7	5		4	2	8	3	
8		4	5			6		1
2	5	1	7	6	8	3	9	4
		3	2	1	4	7		5
7		8	3	5	9	2		6
4		7		2		9	5	
5	2	9	4		3		6	
3		6	1		5	4	7	

Puzzle 85

	4	1	3	5		6		2
6	9	2	7	4	1	8	5	3
5	8	3		2		7	4	1
2	3	6			4			7
	5	9	2	6	7	3	8	4
	7	4	1	3	5	2		9
			5	1	2	9	3	
3	2	5		8	9		7	6
	1	8		7		4		5

Puzzle 86

3	2	6	7		5	9		
9	5	4		2	3	6		7
7	1	8	4	9		2	3	
8	9	2	3	7	4	1	5	
5	4		6			7		
	7		9	5		3	2	
1	8	9	5	3	7		6	2
	3	5	2	6	1	8		9
2	6		8		9	5	1	3

Puzzle 87

7	8	3	2	9	5	1	6	
9	2	6	1				8	3
1	4	5	8		6			2
5	9	8	4		7			1
3	6	2			1	4	7	5
4		7			3	9	2	8
	7		3	1		8	5	6
6	3	1	7	5	8		4	9
		9	6	4	2		1	

Puzzle 88

6		5		4	2	3	1	7
9	2	1	7	8				
3	4	7	1	5	6	2	9	8
1	3		4	2			7	
			3		7		5	2
5	7	2		6	1	4	3	9
	1		5			9	2	4
	5	8	2	1	9	7	6	3
2	9	3	6	7	4	5	8	1

Puzzle 89

5		9	8		2		6	
6	3		4	7		5	8	9
8		1	5	9	6		7	2
3	1	5	7	6	4	9		8
9	6		1	2	8	7		3
7	2	8	3	5	9		1	
2		7	6	4	5	8		
4	8	3	2	1	7	6		
1		5	9	8	3	2	4	7

Puzzle 90

5	1		4		9	6	8	
3		8			6	9	7	4
	6	9		8		5	1	3
2	4	3	5	6	1	7	9	8
9	5	6		4	8	3	2	
8	7		9	2	3	4	6	5
	3	4	8		2		5	
	8	5			4	2	3	7
7	9	2	3	1	5	8	4	6

Puzzle 91

8	9	7	6	2	5		1	
4		5	1	9	7	8	6	
	6	2	4	3	8	5	7	
	7	9	5	8	6	1	3	4
3	1	4	2	7		6	5	8
	8	6				2	9	7
6			9	1	3	7	4	5
9	4	1	7	5		3	8	6
7			8	6	4			1

Puzzle 92

		6	1	4	7	8	3	9
4	1			3	9	2		5
8	9	3	2	6	5		4	1
	8	4	9	7		6	5	
6	7	1	4	5	2	3		8
	2			8	3	1	7	
1	6	8	3	9	4	5	2	7
9	3		7	2	8		1	
7	4	2	5		6	9		3

Puzzle 93

7	1	8		9			6	5
5	6	9	1		3	4	7	2
2	3	4		7	5	1	8	9
		1		3		5		4
6	5			2		8		7
4		2	7	5	1	6		3
1	4	5	9	6	7		3	
8	9	6	3	4			5	
3	2	7	5	1	8	9		6

Puzzle 94

9		6	1	2	3	5	4	7
1	3	5	7		4		2	
4	7	2	6	8	5	9	1	
			5	4	7		3	
	6		2	1	8	4	7	5
7	5	4			9	1	8	2
5	4	7	9	3		2	6	8
		8	4		6	3		1
6		3	8	5	2			

Puzzle 95

3	1	5	4	7		8	9	
4	8	6	1	2	9	3		5
	2	9		3	8	4		1
1	6		3	5	4	9	8	
8	7	4	6	9	2		5	
9		3	7		1	2	4	6
2	4	1	9	6	5	7		8
6	3	8	2		7			
		7	8	1	3			

Puzzle 96

6	5	4	3	7	9	2	1	8
	8	1		5	4	3	7	
3		7	8		6	9	4	
	4			2		5	3	9
7		3	1	9	5	8	2	
					3		6	1
8	1		9	3		4		
4	7	2	5	6	8	1	9	3
5	3	9	7	4	1	6	8	2

Puzzle 97

4	2	8	3	5	7		1	6
6	9			4	1	3	2	5
5	3	1		6	9	7		8
1		2	9	7	4	5		3
3	8	9	5		2	4	6	7
7	4	5			3	2	9	1
9	1		7	3	8	6	5	2
			4	2	5		3	9
2		3				8	7	4

Puzzle 98

		5	1	8		9		
	9	8	4	3			7	2
3	4		9		6	8	5	1
5	3	9		6		1	2	8
2	8	4	5	9	1	3		
6			3	2			9	4
8	7	1	2	5	9	4	3	
9	2	6		4	3	7	1	5
4	5	3		1	7	2		

Puzzle 99

8	2	9	4	5		1		3
4		6	1	8	3	5	2	9
		1		9	2	8	6	
2	1		9	3		6	4	
5	6	4	2	1		9	3	7
7	9	3	5	6	4	2		8
9	3	5	6		1	4		2
6		7		2	5	3	9	1
1	8	2			9	7		

Puzzle 100

6	5		8		4	2	9	3
2		7	9			6	4	
	9	4	1			5	8	7
4	7	9	5	2	8		3	6
5	3		7	1		8		9
1	2		6	9		4	7	5
	1		2	7			6	4
9	6			8	1	7	5	2
7	4		3	5	6	9	1	

Puzzle 101

9	3		6		2	7	1	4
	1			5	4			3
4	7	6	1	3	9	5	8	2
3			4		1	2		5
5	4	1		2	7	8		9
7	6	2	8	9	5		3	1
1	9	7	5		8	3	2	6
	2	4	9			1	5	
8	5		2		6		4	

Puzzle 102

9	2	8	1		4	3	6	5
1	3			6	9	8	2	4
6	4		3	2	8	9	7	1
		4		5			8	
	6	1	4	3			9	7
3	5	9	7		6	4		
4	1	2	8	9		7	3	6
7		6		4	3	1	5	8
5	8	3	6	1	7	2	4	

Puzzle 103

6	3		2		7	8	9	
		1	5	4		7	3	
7	9		6	3	8	5	1	2
3	5		9		4	2	7	
	7	9	1	2	5		8	3
1	6	2	8	7			4	5
5	8		3	9		4		7
	4		7	8	6	1	5	9
9	1	7	4	5	2	3		8

Puzzle 104

8	3		4	6	7	2	5	9
5	2		9	8	1	7		3
6		7	3		2	1	4	8
7	1		5	2	3		9	4
4	5		8	9	6		7	
3	6	9	1	7	4		2	
		6	2	3	5		1	
	7			4	8	9	3	2
2	4	3		1	9	5	8	6

Puzzle 105

	1	6			5	8	3	9
3		4	2	1	8	5	7	
7	8	5	6	3	9	1	4	
	3		7	2	4	9	5	
9	2	1			3		6	7
	5		1	9	6	3		8
8	7	3	9	5	2	6	1	4
1	4			6		2	8	5
		6		4	1	7		

Puzzle 106

1		8			6	3	9	2
4	6	3	1		2			5
2	7	9	3	8		6	1	
7	1	4	9	6	3	2	5	
9	8	2	4	5		1		3
5	3		8	2	1			9
6	2	7	5	3	8			
			2	7		5	3	6
3	9	5	6	1	4		2	7

Puzzle 107

9	6	3		7			5	2
8	5		9		2	3	7	4
		7	3	5	1	8		9
2	1	6	5			7	8	3
5		9	2	8	3	6	4	1
3	4	8	6	1	7	2	9	
7	8	5		3	4			6
6	3		7		5	4	1	
1	9	4	8	2	6	5	3	

Puzzle 108

4	1	6	8	5		3	9	2
2	8	5	3		9		4	7
9		7				5	1	
7	9		6	8	5			1
5		2	1	7		9	8	6
	6	1	2	9	4		5	3
1	7	9	5		8	2	6	
6			7	4	2		3	
3		4	9	6	1	8	7	5

Puzzle 109

	1		7	3	2		8	4
4	2	9	1	8		3	7	5
8	7	3		9	5	1	2	6
1	8	5	3	2		7	6	9
7	9	2	6	1	8	5	4	3
3		4		5	7		1	2
6		1				4	5	
	5	7	8	4	3	6	9	
		8	5		1	2	3	

Puzzle 110

1		2	8	3	4	5	9	7
4	3			9			6	1
7			2		6	4	3	
6	5	4	1	8	2	9	7	3
	7	1	4	5	3	6	8	2
8	2	3	9		7	1	4	5
2	8	6		7	9	3	1	
3						8	5	9
5	1	9	3			7	2	6

Puzzle 111

7		8	3	9	1		4	5
1	5	2	8	6	4	3		7
4			7		2		8	
6	8	1	2	7	9		5	
3	7	9	5	4		6	2	
5	2	4	6	1	3	9	7	8
9	4	6	1	8		5		
2		7	9		5	8	6	4
8		5	4			7	1	9

Puzzle 112

	6	9	5	2	7	3	4	1
3	5		9		8		6	2
1	7	2	4				9	5
4		5	3	8	1	2		6
	3	7	6		9	5	1	8
6		8	7	5	2	4		9
5	8	6		7		9	2	3
	2	1		9		6		4
9	4	3	2	6		1		7

Puzzle 113

	6	3		8	2	7	9	
5	2	4	1	9	7			8
	7		4			2	5	1
4	5	2	6	7	8	1	3	
7	8	1	3	5		6	4	2
6	3		2	1	4	8	7	5
2	4			6	3	9	1	7
	1	7	9		5	4	8	6
8		6	7	4	1	5		

Puzzle 114

7	1		2	8	6		9	4
8	2		3		5	6	7	
9		6	7	1	4	5	2	8
2	4	9		7		1	6	3
5		7	1		3	2		9
1		3	4	2		7	8	5
4	7		8		1	9	3	6
	5	8			2		1	
3	9	1	6	4	7	8	5	2

Puzzle 115

3	2	9	8		7	4	6	1
6		4		2	1	5	9	7
			9		4	8		2
4	1	8	2	7		3	5	6
2	3	6	4	8	5	1		9
	5	7	6		3		4	
				9	8	6	2	3
	6	3	7		2	9	1	5
5	9	2		3	6	7		4

Puzzle 116

		7	5	8	1		9	
2	1	5		4		7	3	8
	8					5	1	
4	6	9	3	1	7	2		5
5	3	2	9	6			4	7
	7	1	4	5		3		9
6	5	8	1	7	4	9	2	3
7	2	3	8	9	6		5	
1	9			3		8	7	6

Puzzle 117

6	2	3			4	8	1	9
4			6	1	8	7	3	
	8	1		3	9	6	5	4
2	9	6		7	5	4	8	3
	1	5	4	2	3		6	7
	7	4	8	9	6		2	1
9		8	3	4		2	7	
	4	7	5		2	3		6
5	3	2				1	4	8

Puzzle 118

7		5	4	9		8	1	
	3	1	7	8	5	4	6	9
	9	4	1		6	2	5	7
4	8	3		1				6
	2	9	6	5	7	3	8	4
6	5		8	4	3	1		
5	1	2			4	7	3	8
9	4		3	7		6	2	5
		6	5	2	8	9	4	

Puzzle 119

2	5	1	4	3		8		9
3		6		5		7	1	
4	7	9		6	1	3		5
5	4	2		9		1	7	3
	6			4	3	5	9	2
9	1	3		2	5	6		8
1	3	4		8	6	2	5	7
8	2	7	5	1	4		3	6
		9	5	3		2	4	8	1

Puzzle 120

5	7	2	8	6	1			3
1			7	9		5	2	8
		8	2	3	5			7
	6		3	7	2	1	5	4
	5	3	1	4	8	7	6	
7					6	3	8	2
6	1	7	4	8	9	2		5
9		4	5	1	3	8	7	6
		5	6	2	7	4	9	

Puzzle 121

3	6	8		7		5	4	
4	1	2	6	8			3	9
7	5	9		3	4	1		
6	2		8	1			9	5
1			9		3	2	8	
9	8		4	6		3		
2	7	4	3	9	8	6	5	1
	9	1		4	6		2	3
8	3	6	5		1	9	7	4

Puzzle 122

		7	2		4	5	9	
2	3	9	7			1	4	
5	4	8	1	9	6	2		3
7	2	6	5	3	9	8	1	
8	9		6		1	3	2	
3		1	4	8	2		6	9
4	7			6	5		8	1
1	8	5	9				3	7
9	6	3		1	7	4	5	

Puzzle 123

	8	1	2	6	9	7	3	
3	2		1	4		6	8	9
6	9	5		3	8		2	1
7	4		6	9	1			2
	6	9			3	1	7	4
5	1	3	4		2	8	9	6
9		6	8	5		2	1	
8	7		9	1		5	4	3
1	5	4		2			6	8

Puzzle 124

		6	4	8	1	9	7	
9			7	6	5	3		
		5	9				8	4
6	1	9	8	3		4	5	7
8		4	6	5	7	1	9	
3	5	7	1	9	4	8	6	2
5	6	3		1	9			8
4	9	2	3	7	8	5	1	6
7			5	4		2		

Puzzle 125

4	2		8	6		3		
9		8		5	3	7	2	4
5	1	3	7	4		9	8	6
6	3	1	5	7	8	4		2
7	8	5		9	4	1	6	3
	9	4	3	1	6		7	8
3	5	9	6	8			4	7
			4	2		8	3	
	4	2	9	3	7	6		1

Puzzle 126

9		2	3	6	1	7	8	
	6		5	7	8	3		2
	8	3	9		2	1		
2	1	8	6	9		4	7	5
4	9	7		8	5	6	3	1
	3					9	2	8
8	4	5	7		6	2	1	9
3	2		1		4		6	7
6	7	1	8	2	9	5	4	

Puzzle 127

9	7	3	8	1	6	4	2	
1	2	4	9			3		
8	5		3		4	9	7	1
2	4	7		6	3	8	1	9
3	1	5	7	8	9	6		2
	9	8			1	5		7
4	3	9		7	8	2	5	6
		2		3	5		9	4
5	6	1	4	9	2	7		3

Puzzle 128

4			6	3		5		2
5			2	4		7		
2		3	5	9	7	4	1	8
	5		8	1	2	3		4
3	1	8	4	6	5	9	2	7
		4	9	7	3	1		5
8	7	3		2	4			9
9	4	5	3	8	6	2	7	1
1	6		7		9		4	3

Puzzle 129

9	6	7		5	4	8	3	
1	4			6	2		7	
	2	5	7	3	9	4	6	1
6	8	4	9			3	1	7
5			4	7	6	9	2	8
2	7	9	3		1	6	4	5
7	1	6		9	3	2		4
	9	8	2	4		1	5	6
		2			8		9	

Puzzle 130

4		6		1		9	7	8
5	8		2	4		3	6	
3	1		7					5
7	6	8	9		5	1	4	2
		2	6	8		5	3	9
9	5	3	4	2	1		8	7
2	7	5	3	9	6	8	1	4
6				8		2	5	3
8	3	4	1	5		7		6

Puzzle 131

	5	4	3	8	9	1	6	
8	7	6	1	5		9	3	
3	1	9	6	2		5	8	4
5	4	2		3	1	8	9	
	8	3		6	5	2	4	1
	9	1	2	4	8	7	5	3
1	3	5	4	9		6	7	8
		7		1	3	4	2	5
	2	8			6			9

Puzzle 132

9	7		4	2		6	5	3
2	6	1	9		3		7	8
		4	7	6	8	9	2	1
		4			6	7		
7			8		9	3	6	4
3		6	2	4		8	9	5
	8	7	1		2	5	3	6
	2		3	7	4	1	8	9
1	3	9		8	5		4	7

Puzzle 133

5	1	4	6		9	8	2	
3	7	6	1	2	8	5		4
2	8	9	5	7	4		3	1
	5	7	4	6		3	1	9
		3	8	5	7	2		6
4		2		1	9	7		
6	2	1	9		5		7	
	3			4	6	1	5	2
	4	5		8	1	9	6	3

Puzzle 134

7			5	3	6	1	4	
5	1		4	7	2	6	9	3
6	3	4		9	1	7		5
	4	5			9	2		
	2	7	6		5	8	3	4
3	8	6	2			9	5	
8	5				3	4		2
2		1	9	5	4	3	8	7
4	7		1	2	8	5	6	

Puzzle 135

3	8	9		5	7	4	1	2
1	6	2	9	3		8	5	7
5	4	7	2	1	8	9		6
	5		3	7	9			4
		8	4			5	2	9
4	9			8		1	7	
6	7	3		9	5	2		8
8		5	7	4	6		9	
9			8	2	3	7	6	5

Puzzle 136

			2		8		6	
6	8	7	4		5	1	2	9
	5	2	9	7	6	3	8	4
3	4			5	2	7	9	6
5	9	6	3		7	8	1	2
7	2		1		9	4		5
8	7		6	2	4		5	
2	1	4	5		3	6	7	8
9	6	5		8	1	2	4	3

Puzzle 137

5		7	9	2	1			6
4		1	3	6	8	5		2
6	2		7			1	9	8
7	4	2	8			6	5	1
8		5	6	7		9	4	3
3	6	9	5		4	8		7
1	5	4		8	7	3	6	9
	3		4	9	6	7	1	5
9	7	6		5		2	8	

Puzzle 138

8		3	4	7	1	5	2	6
7			6	3		9		4
6		4	9				1	7
1	4	6			7	8	5	
2			5	8	4	7	6	1
5	7	8	1	6	3	4		2
3		1	7	2	5	6		9
9		2	3	4	6		7	8
	6	7				2	3	5

Puzzle 139

9	6		2		7	4		5
	7		6	4		9	1	2
8	2	4	9	1	5	3	7	
		7	3	5	9	2		
2	4	9	1	7			5	3
	3	5	8		4	7		9
4			7	9	3	1	2	8
		8	4	6	2	5		7
	9	2	5	8	1	6	3	4

Puzzle 140

			1	7	9	8	3	5
9	7		3	5	8	2		
	3	5	4	2	6	7	1	9
	2			9	4	1	5	3
3	8		7	1	5	6	2	4
5	1	4	2	6	3	9		8
1		8	5			3		7
	6			3	1	5	8	2
2			6		7	4	9	1

Puzzle 141

2	9			1	8	7	6	
			9	2	6	8	1	
6		8	3	7		9	4	2
1	8	2	6		3	5	7	
3	4	9	8	5	7		2	1
7	5	6		9		4	3	8
9	7	3		8			5	6
8	6	4	5	3	2	1	9	7
		2	7	6	9	3	8	4

Puzzle 142

9	7	8	3	4	5	6	1	
4	2				1		3	5
1	5	3		7	2	8		
3	8	7	1	5	4		2	6
6	1	2	9	8		5	7	4
5	9	4	7		6		8	3
8		5	2	1	9			7
				6	8	2	5	1
		1	5	3		4	9	8

Puzzle 143

8	5	7	1		3	4	9	
			2	7	9		3	5
9	2	3	8	4	5	7		6
3		2		9	8	1	5	7
7	8	1	4	5		9	6	
		9	5	3	1			8
2		9	5	3	4	6	8	1
5	6		9		1	3	7	
1	3	4	7	8	6	5	2	9

Puzzle 144

7		3	6	4	5		1	
9	4	6	2			3	5	7
	5		7		3	6	2	
1			4	2	6	9	3	
6	3	5	8	7			4	2
4	9	2	5	3		7	6	8
	6	9	3	8	2		7	
2	7	8	1	6	4	5	9	3
3		4				2	8	6

Puzzle 145

3	4		8		2	5	7	9
8		2	1	7		6	3	4
5	6	7	9	3	4	1	8	2
		8	3	4		2	6	
2	3			8	7	9	5	
1	7	6	5		9		4	3
6	8		7		3	4	2	
7	2	5	4	9		3	1	8
4	1				8	7		6

Puzzle 146

6		7		9	2	8		4
	8	2			4	1	3	9
9		3		1	8	6		2
3	6			8	7			
	5	1	6	3	9		8	7
8	7	4	1	2	5		9	6
4	2	8	9	5	1		6	3
1	3	5	2	7	6	9	4	8
7		6		4	3	2	1	5

Puzzle 147

6			4	9		8	5	2
7	4	2	3	5		1	6	9
5		8	1		6	4	7	
4	5	7	8		2		9	
	2	9	7	6	3			8
	8	6	5	4	9	2	1	7
2	3	5	9	7	1	6	8	4
8		1	6	3	4	9	2	5
				8	5	7	3	1

Puzzle 148

7		8	3		6		9	1
3		9	8	5	1	7	2	
	1	5	2		7		8	4
1		4	7		9	8	5	2
2			4		5	1	7	
	9	7	1	8	2	4		3
8	7	1	6	2	3	9	4	5
4		2	9		8	6	3	
9	6			7		2	1	

Puzzle 149

2	3	9	6		5	1	4	
	7	5	3		4	2	9	6
1		4	7	9	2	5	3	
	2	6	4	5	9	8	7	1
		1			7	3	5	4
4	5	7	1	3				2
6		2	5	7	3	4		9
5	4	8	9	2		7	1	
7	9	3		4	1	6	2	5

Puzzle 150

	9		4	2	6		5	1
	7	6		5	1		9	2
2	1		3		9	6	4	
9	8	7	2	3	4	1	6	
5		1	7				2	3
6	3	2	1	9	5	8	7	4
	5	8	6	4		2	3	9
	6	4	9	1		5	8	
7		9	5				1	6

Puzzle 151

8	1	7	5	3	2	4	9	6
3	6	9	4	1	7	8	5	2
2	5	4	6	8		7	1	3
		6		4		9	3	7
		8	2			5		1
5	4		7	9	1	6		8
9	7		3	5	6	2		4
4	3	2	9	7				
6		5	1	2		3	7	

Puzzle 152

	1	2		3		4	6	
5	3	4	7		6	9	1	2
		6	1	2	4	7	5	3
2	9	8	3	4	1		7	6
4		6	8	7	2	1		9
		3	9			2	8	4
3			2	9	7	6	4	1
6		1	4		8	3	9	7
	4	7		1	3	8		5

Puzzle 153

1	4		6			5	3	
	6	5	1		3	4	7	
3	2	7	4		5	6	8	1
	1	6	7	3	2		9	4
8	7	3	5		9	2	1	
4	9	2	8		1	7		3
7		4		5	6	1	2	8
2	8	1	3	7	4		6	
6	5	9	2		8		4	7

Puzzle 154

			3	8	4	7	1	
3	9	1		5	7	2	8	4
4	7	8	1	2	9	3	6	5
	3	4		6	2	8	9	7
	5	9	8	4		1	2	
	8		9	7	1	4		3
		6		3	8	9	4	1
	4	3	2	1	6	5	7	8
8			4		5	6		2

Puzzle 155

	5	2		3	8	9	7	
4	6					3	5	
	3	7	6	5			2	4
2	9	4	5	1	6	7	3	8
5		3	9	8	4			2
8	1		3		2	5	4	9
7	8	1		4	3	6	9	5
	4	9	8	6		2	1	7
6			1	9	7		8	3

Puzzle 156

	6	3	9	1	2		7	4
4	2	8		5	7	3		9
7	1	9	8			2	5	6
		1		6	5	9	3	
9		4	1		3	6	2	5
6	3	5	7	2		4	8	1
3	9	6		7	8			2
8		7			1	5	6	3
1	5	2	3	4	6	7		8

Puzzle 157

9	8	1	7	4	5	3	2	
4	3	7	8	2	6	9		1
6	5	2	9		3			8
1	2		3				4	5
3	9	4		5		7	8	
5	7	6	2	8	4	1	3	9
	4		1	6	2	8	9	
		9	5		7	2	1	4
		3	4	9	8	5		7

Puzzle 158

4		3	1	2	5			8
5		9	3	4	8	7		1
8	2		7	9		3	5	4
7		2	6	8	4			
6	8	4	5	1	9		7	3
9	1	5	2	7	3	8	4	
		8	4	5	2	1	6	
	4	6	9	3	7	5	8	
2		7	8		1	4	3	9

Puzzle 159

5	1	6	7	8	2			4
9		4	6		5	2	8	7
	2	7	9	4	3	1		
6	9	8	3	5	1	7	4	
1				7	4		9	8
7		2	8	9		5	1	3
4	6		5	3	7	8	2	9
			1	2	8	4		6
2	8		4	6	9	3	7	1

Puzzle 160

8	5	4		3	7	6	9	2
2			8		5	3	4	
3		1	6	2	4	7	5	8
4	8	6	2	1	9	5	3	7
	2	3	5	7	6			
	7				3	9		6
6	1		3		8	4	7	9
5	4	9	7	6	2		1	
7	3	8	9			2	6	5

Puzzle 161

8	4			6		2		7
6	7	2	4		1	5	8	3
	3	1			2	9	6	
4				3	6	7		9
7	2	6	5	4	9		3	1
9	1	3		2	7	6	4	
2	6	4	9	7	3	1	5	
1	9		2	5		3	7	6
3		7	6		8	4		2

Puzzle 162

	1	4	2			7	5	8
8	5	7	4			6	2	9
2	9		5		7	4	3	1
	8		1			9	4	2
4	2	1	3	9	5	8		6
6		9	8	4	2	3		5
1		8	7	5	4		9	3
9		2	6	3	1	5	8	7
7		5	9	2		1		4

Puzzle 163

	9	6			8	1		7
			9	3	1		6	
1	3	2	6	7	4		5	8
6	7		4	5	2	3		9
9	5		3	8	6	7		4
3		4			9	5	8	6
5	6	7	8	4	3		9	
8	1	3			7	6	4	5
2	4	9	1	6	5	8	7	3

Puzzle 164

	6		4	5		9		2
4	1	9	6	8	2	3	7	
	7		3	9	1	4	6	8
9		1	5		8	6	4	
5	2		7	3	4	8	9	1
8	4	7	9		6		5	3
6		3	1	7	9		2	4
			2	6		7	8	9
	9	2	8	4	5	1	3	

Puzzle 165

	5	3			6	1	2	
2		4	3	9	7	8		5
8	7	6	1	2	5		4	3
5	6	9	2	7	4	3		8
3	4	7	5	1	8			6
1	2	8	9	6	3			4
4		2	6	3	1	5	7	9
7	9	5	8	4			3	1
		3		7	5	4		

Puzzle 166

	7	3	5		6		1	9
2	9	5			1	4	3	
6	1	8		9	4	7		
1	4		9	3			7	8
5	8	9	6		7	3		
3		7		1	8			
7	3	4	1	8	9	2	6	5
9	2	6	4	5	3	1	8	7
8	5	1	7		6	9	4	3

Puzzle 167

6	3	2	5	7	8		1	9
4		5	6	9	1	2	8	3
9			2	3		7	6	
7		8		6	5	9	3	
3	1	9	7		2	5	4	6
		6	3	4	9	8	7	1
1	6	4		2		3		
5	9	7			3	6		4
8	2	3		5	6	1		7

Puzzle 168

8		2		6	4		7	3
7	5	4	9					1
1	6	3	2	7	5	8	9	4
4	3	1	8	5	6	7	2	
		9		4	2	1		
2	8	5	7	1	9	3	4	6
		6	5	3		4		8
3	1		4	9	8	6	5	
5	4	8			1	9	3	

Puzzle 169

1		3		4	5			
7		9		1	8	4		3
	4	6	9	3	7	1	8	
8	9	2	3		6	7		4
4		5	8	9		6	3	2
3		1	4	7	2	8	5	9
5	3	8		6		2		7
6	1	7	5	2	9	3	4	8
9	2		7	8				

Puzzle 170

2	5	1	3		8	7	4	
	8		4	1	7	2	3	
	4	7	9	2	5		6	1
1	7	2	5	8		6	9	4
4	9	5	2	7	6	3	1	8
	6			9				2
5	3	6	8	4	1	9	2	7
7		4	6		9	1	8	
9		8	7	3	2	4		6

Puzzle 171

	5			7			6	9
6	3		5			4	1	
2		4	1		6	3	7	5
7	6	3	8	5	9		2	4
1	4	5	2		7	9	8	6
9		2	6	4	1	7		3
3	2	9		6		8	4	
5	1		3	2	4	6	9	7
4		6	9	1	8	5	3	2

Puzzle 172

2	5	4		6		7	3	
1		3	4	7	5	8	6	2
6	7	8	3	1	2	9	5	4
5		7	1		4	3	9	
	8	1		9		2	7	5
3	6	9		5		1	4	8
9			7	2		4	8	3
7				3	1		2	9
8	3	2	5	4	9			

Puzzle 173

		2		9		3	7	8
8	9		6	7	3	2	4	5
7		5	8	2	4			
9	1		7		6		8	2
2	8		4		9		1	7
	5	7	2	8	1	6		3
1	7		5	6		8	3	4
3	2	8				1	5	6
5	6	4	3	1	8	7		9

Puzzle 174

2	4	5		6	7	1		8
1	6	7			8	4	3	2
8	9	3		2		7		5
3	5	4		1	6			7
6	7	1	2	8	3	5		9
9	2	8	4		5	3	1	6
		6	7		1	9	2	3
	3	2	6	4		8		1
	1	9	8	3	2	6	7	4

Puzzle 175

9		7		6	3		2	5
	8	5	9	2	4	7	1	6
			5	1	7	8	9	3
6			4	7		2	8	
8	7	4	6	9	2		5	1
2	5	9	1	3			4	7
7	2		3	5	9		6	
	9		2	4	6	5	7	8
5			7		1	9	3	

Puzzle 176

7	3	8	5	9	1	4	6	2
4	1	5	6	3		7		8
9	6	2		7	8	1	3	5
		1		2	7	3		
2	9	7		4		8	5	1
	4		1		5	9	2	7
	8	4	2					
3	7	6	8	5		2	1	4
5	2		7		4	6	8	3

Puzzle 177

6	2		3	8	4		7	1
9		4	7	2				5
3	1	7	9	6		4	2	
5	3	8	1	9	6			2
1	4	6	5	7	2	8	9	3
2	7		4	3		5	1	
8	5	1	2	4	7		6	
7			8	1	9	2	5	4
		2	6	5	3		8	7

Puzzle 178

4	2	6	7	5		1	8	9
5			9	1		6		4
8	9		6		2	3		5
7	5	9		6		8	3	2
1	6			3		4	5	7
3	8	4	5	2	7		6	
6	4	5	3	7		2		8
9	1		2	8	5	7	4	
2	7		4	9		5		3

Puzzle 179

6		8			2	7	3	9
7	5	3	4	6			1	2
2	1		8		7		4	6
	3		7	4	6	1		5
		1	2	9	5	4	6	3
5	6		3	1	8			7
4		7	9	8	3	6		1
3		5	6	7	1	2		4
1	9	6	5		4		7	

Puzzle 180

6	9	4	8	5		7	1	2
2	7		6	1	9	3	5	4
	1		4	2	7	6	9	8
8			7		5	2	3	
7	3	1			2	4	6	5
	4		1	3	6	9	8	7
1	8		3	6	4	5		9
4	5	6	2	9	8		7	
					1	8	4	6

Puzzle 181

1	6	9	5	3	8	7	4	2
8	7	3	1	2		9	6	
5		2	7		6	8		
2	5	6	3	7	9		8	4
4	8		6	5	1	2		9
9	3			4		5	7	
	2	5	4	1		3		
3	1	4	9			6	2	7
7	9	8	2		3	4	5	1

Puzzle 182

5	4	3	2	8	7	9	6	
1		9			4	3	2	7
	2	7	9	1		4	8	5
9		1		4	2	6	3	
8	7	4	1	3	6	2		9
2					5			4
3		8	4	7	1		9	2
	9	5	3	2	8	1	4	6
	1			6	9	8	7	3

Puzzle 183

	1		6		8	2	7	
	4		3	7	2	6	9	1
6	7	2		9	1	8	4	
5			8	6	9	7		2
	9	8	7	1	3	5	6	4
	6	1	2		4	9	3	
		7		3	5			6
9		3	4	2	6	1		7
4	2	6	1	8	7	3		5

Puzzle 184

3	4	1		6	9		2	7
		6	4	5		3	9	1
	5	2			7		8	6
6		8	3	2	5	7	4	9
4	9	5	6	7	8	1	3	2
	3	7		1	4			
		3	7		6	9	1	5
5		4	2	9	1	8	7	3
1	7	9	5	8	3	2	6	4

Puzzle 185

8	7	1		4	2	3	5	9
5	6			8			1	4
		4	5	3		6	8	7
	5			2	4	8	9	1
3	2		1	9	5	7	4	
9	1	4		7	6	5	2	
1	9	6		5	8	4	3	2
4		5	2	6		1	7	8
7	8	2	4		3	9	6	5

Puzzle 186

2		5	3	1	6		4	7
4	7	9	8			3	1	6
6			7	9	4		5	8
5	4			8	9			2
9	6		1	7	3	5	8	4
7	1	8	4		2			3
8	5	6	2	4	1	7		9
1	2		9		8	4		5
		4	5	6	7	8	2	1

Puzzle 187

	9	2	3	5	7		6	8
7		8		6	4	9		1
6	5	4	9	1	8	3		
8	1	6	4	9	5	7		
		3		7	1	8	4	5
			8		2	1	9	6
5	8	9	7	2	3		1	4
3				4	9	2	8	
2	4	7			6	5	3	9

Puzzle 188

7	6	3		8	4	5	1	2
8		1	6	7	5	9	4	3
5	9		1	2	3			7
3	7	6	2		9	4	8	1
1	4	8	3	6	7		9	5
	5	2	8		1		3	6
6		7	5		8	1	2	4
2	8	5		1	6	3		9
4	1				2	6		

Puzzle 189

2	7			6	1	5		
6	1	8	2	5	3		9	4
5	3		7	9	8	2	6	1
	9		5	4		1	8	2
4	5		1	8	2	3	7	
	8	2		7	9	6	4	5
3	6	1	8	2	4	9	5	
8		7	9		5	4	1	
9	4	5	6		7		2	3

Puzzle 190

3	9	6	2	5	8	1	7	4
7	2			6	3	8	5	9
5	8	4	7	9		2		3
4			9		2	6		5
2	7	5	8	3		9	4	
9	6	8	1	4	5	3		
1	3				4	5	9	8
8					9	7	3	6
6	5	9	3	8	7		1	

Puzzle 191

7		5	2	3	6	8	9	1
2	1	9	5	7	8	3	6	4
	3				1		2	
9	7		1	6	3	4	8	5
6	8		4	9		7	3	
	5		7	8	2	6		9
1			6		7		4	3
4	6	7	3	1		2	5	
5	9		8		4	1	7	

Puzzle 192

7	5		4	2	3	1		9
8	2	1	5		6	7		4
4		3		8	7		5	6
1	6	8	2	7	4		9	5
2	4	9	6		5	8	1	7
					8	6		2
9	8	5		6		4	2	3
3	7	2	8		9		6	1
6	1	4	3	5	2	9		8

Puzzle 193

8			7			2	1	5
	5	7		1		3	6	9
9	1	3	2		6	8	7	
7	2		9	6	3		5	
4	8	9	1	2		6	3	7
	6	5	4	8	7	9		1
6	3		5	9	1			
5	9	8	6	7	2	1		
1	7	2	3	4	8		9	6

Puzzle 194

6		5	9		7	1		4
4	1	9	2	3	5	6	7	8
7	8	2	6		4			
		8	5	7		4	9	6
1	6	7	4	2	9	8		5
9			8	6		7	1	
2	9		1	4	6		8	7
8		1		5	2	9	6	3
	7		3	9		2	4	1

Puzzle 195

5	7	2	6		9		4	
1	8			7	2		6	3
9	3	6		8		7	2	5
3	5			6	8	4		2
2	6		7	4	3	5	8	
8	4	9	2	5	1	6		7
7	9	3	4	1	6	2	5	
4	2	8	3					6
		1		2	7	3	9	4

Puzzle 196

5		3	2	1	7	8		6
	1	9	3		8	7	5	4
6	8	7	9	5	4		2	3
9	6	1	5				7	8
		5	8		2	6		
	2	8	6	9	1	3	4	
8	5	6		2	9	4	3	7
1		4	7	3	6	5	8	
3	7			8	5		6	1

Puzzle 197

5	2	4				3	1	9
6	9	1	3			8	7	2
	8	3			1		6	4
4	6	9	1	3	7		8	5
		8		4	5	1	3	6
	1	5	8	2		9	4	7
1		2	7	6			5	8
8	4	7			2	6	9	3
9	5			8	3	7	2	1

Puzzle 198

	3	4		6	2	7	5	9
	7		3	1	9	4	6	2
		2	5			8	1	3
4	8	9		3	6	1	2	5
3	2	7	4	5	1	9		6
6	5	1	2	9	8	3		7
5		8	9	2		6	3	
7		3	6			2		1
2	9	6	1	4	3	5		

Puzzle 199

2	6	3	8	1	7		4	
7		9	3	5		6		1
	5			6	9		7	2
3	8	2					9	5
9	7	4	5	3	8		1	
5	1	6	9	2		8	3	7
8	9			4	1		6	
6			7	8	5	9	2	4
4	2	7	6		3	1	5	8

Puzzle 200

				3	7			4
7	9	5	1		8	2		
4			2	5		1		7
3		7	6	2	1	9	4	5
6	1	2	4	9	5	3	7	
9	5	4	8	7	3	6		2
5	4		3	6	2		8	9
2		9		8	4		3	1
8	7	3		1	9	4	2	6

Puzzle 201

3	9	6	8	5		2	4	1
5	7	4	9	2	1	6	8	3
1	2		3	6	4		9	5
4		5	2	3	8		7	6
	8	7	6			5		4
9	6	3	7	4	5	8		2
			5	9				
6	3	9	1	7	2	4	5	8
	5	1		8	6	3	2	9

Puzzle 202

9	5		7	3	2	8		1
	7	1		6	4	5	9	3
3				9	1	7		
7	2	5	4	1	3		8	
1	6	4		5	8	3		
8	9				7	4		5
5	1	2	3	8	9	6	7	4
4	3	9	2	7		1	5	
6	8	7		4	5		3	9

Puzzle 203

5		8	6	9	1		4	
4	3	6	7			9		1
1			4			2		
8	1	5		3	4	7	9	6
3	6	4	1	7	9	8	2	5
2	9	7	8	6	5		3	4
6	8	3	5			4		
	5		3	4		6	7	2
7	4	2		1	6	5		3

Puzzle 204

1	2	7	9		3		4	
5	3	4		6	7		8	
		6	8	1	5	4		7	3
2	5	6	3		1		4	9
8	1	3	7	4	9	6	2	5
4	7		5		6	1	3	
	4	1		3	2	7	5	
3	9	2	6	7			1	4
7	8	5	4		1	3		2

Puzzle 205

9		3	4	8	2	6		1
4	6	7	1	9		2	3	8
2	8	1		3				9
5	1		6	7	9	3	8	2
6	2	9	3			7		4
3	7		2	4	1	9	5	6
7	4		5	1		8	2	9
1	9	2	8	6		5	4	3
8	3	5				1		

Puzzle 206

1	7	3	2			4	5	
	6	4		5	1			9
	8			6	3	2	1	7
8		1	6	2		5	7	3
7	5	2	1		8		6	
4		6		7			2	1
	1	8	5		7	6	9	2
5	2	7	3	9	6	1		8
6		9	8	1	2	7	3	5

Puzzle 207

1	2	4	5	7	6	8	3	
	6		9	8	3	4	2	
8	3	9	1			5		
	4	6	8	9		1	7	2
5	1	8	2	6				4
2	9	7	3		1	6	5	8
4	5	2			9	7	8	
		3	4		8	2	1	6
6	8	1	7	3		9	4	5

Puzzle 208

3	1	6			9	5		8
9			6	1		4	3	
8	4	7	2	5	3	1	9	6
2		3		9	5			4
5	7	9	3		4	2	8	1
1	6	4	7	8	2		5	9
6	5	1		3	7	8	4	2
4	9		5	2	1	6	7	3
		3	8		6	9		5

Puzzle 209

4			1	7	8	3		9
3	8	1		6	9	4		7
9	5	7	4	3	2	8	1	6
2	4	3	7	9	6	5	8	1
6	7	5	8		1		4	3
		9			5	2		7
8			6	5	7	1		4
	3		9	1	4		2	8
7	1	4	2	8	3	6	5	

Puzzle 210

2		4	8	3	7	5	6	
	5	3	4		6	7	2	9
				2			8	3
7	3	5	1	9	8			2
4	6	2	7			1	9	8
9		1	6	4	2	3	5	7
3	4	7	2		9	8	1	5
	1		3		4	2	7	6
	2		5	7	1	9	3	

Puzzle 211

		9	2	6		7	8	
7	2	3			8	1		6
4		6	1	9		3	2	5
9	1	2			4		3	7
6	7	5	8	3	2	4		9
8	3		7	1	9	5	6	2
	4	8	9			6	7	1
2	6	7		8	1		5	3
5		1	3	7	6	2	4	8

Puzzle 212

9	5		4	3		6		7
7	3				9	5	8	4
6	8	4	1	7	5	9	3	2
4		5	7	2		8	6	1
	1			8	6	7		9
8		7	9		1	3	2	5
5	4	8		1	7		9	6
	7			9	2		5	3
3	2		6	5	4		7	8

Puzzle 213

	7		8		5	1	6	
	1	9		4		5	8	3
5		8	1	3		9	7	4
	2	7	5	1		3		8
	9	1		2		7		6
8	5	4		6	7	2	1	9
1	4	5				6	9	7
9	8		6	7	1	4	3	5
7	3	6		5	4	8	2	1

Puzzle 214

1	2	4		6	8		7	5
			5	1			2	
7	6	5		2	3		1	
5	3	7	8		1	6	9	2
6	1	9	7	3	2	8		4
2	4	8			9	7	3	1
8	7	2			6	5	4	3
3	5		2	7	4	1	8	9
4			3		5		6	7

Puzzle 215

	9		7		3	4	8	2
7		3	2			6	5	9
5	2	8	6	4	9	3	1	
2	5	9	8	6	1	7		4
4	8	7			2	1		6
1	3	6	4		7		2	8
8		5			4	9	7	1
	7		1			2		3
	1	2	9	7		8	4	5

Puzzle 216

	6	9	3	1	2	8	5	
2		3	8	6	5	7	1	
5	1		7	9	4		6	3
6	9	1	4	3	7	5	8	2
3	2	7		5	8		9	6
8		4			6	3	7	1
4	8	6	2	7	1	9		5
1	3	2	5	8		6		7
9		5			3		2	

Puzzle 217

9	1	2		4	7	5		
5	6	8					9	7
3	7	4	9	5	6	2	8	1
		7	2	8	4	1		9
8		9	7	6	1		2	5
4	2	1		9		8		6
2	9	5	6	3		7		4
		3	1	2	5		9	8
1	8	6	4	7	9			2

Puzzle 218

6	2	8		9			5	
7			6	4	8		1	
1	9				3	6	8	
2			8	3	1	5	7	
8	6	5	7	2	4	1	9	3
3	7	1	9	6	5	8	4	2
9	3	7	5	1	2	4	6	8
5		2		7		9		
		1	3		9	7	2	5

Puzzle 219

	4	8	2			9	1	7
3	2	1	9		7	5	8	
5	9	7	6		8		3	2
8	3	6		9	2	1		5
	7	4		5	3		6	9
2	5	9	1	4	6	8	7	3
7					8	6		
		3	5	6	9	7	2	1
9		2	4	1	7	3	5	8

Puzzle 220

9	7		8		1	3	6	
8	2	3	4	7	6	1		
5	6	1			9		7	8
	8		2	6	7	5		1
7		5	1	3		9		6
6		2	5	9		7	8	3
4	9	8	6	1	5	2	3	
	5	6	7	4	3	8		9
1	3	7	9	8	2	6	5	

Puzzle 221

3	1	6		8	7	2	4	9
	7	4		1	6		8	
8	5	9	4	3	2		1	7
	9	8	3		5	1	7	
4	2	7	1	6	8	9		5
5	3	1						6
	6	2	8	4	9	3		
9	4	3	2	5	1		6	
1	8	5		7		4	9	2

Puzzle 222

	5		4		3	2		8
7	6	2	9	5	8	1		4
8			2	6			9	
	9	1	5	3	7	4	8	6
4	7				9	3	5	1
	3	6	1	8	4	9	7	
1	8	7	3	4	5	6	2	9
	2	9	8				4	7
	5	4	7	9		8		3

Puzzle 223

7	6	4	5			3	1	9
3	1			4		8	5	7
9		5	3	7		2		4
8	9	1		3	2	6	4	5
2	3	6		5		1	7	8
4		7		1	6	9		
5	2		1	9	7	4	8	6
6	7	9	4	8	3	5	2	1
1	4	8	2	6	5			

Puzzle 224

	3	9	1	7			4	2
4		2		8	5	1	7	9
	5	1	9	4			8	3
2	8		5		4	7	6	1
5	4	6	2		7			
9	1	7	8			4	2	
6	9		4	3	8		1	7
3			7	5	1	8		6
1	7	8	6	2	9	3	5	

Puzzle 225

1	4	2	7	9	6		5	8
7	5	9			2		1	6
3	6		4	1	5	9	7	2
6	3	7		2		8	4	
8	9			5		1	2	3
2	1	5		3	4	6		
9	8	3		7	1	2	6	4
5			9	4	8	7	3	
4	7	1	2		3	5	8	9

Puzzle 226

3		2		5		4	8	6
5	6		7		3		9	2
8	1	9		4	2	3	7	
2	9	5	4	7			1	3
6	3	1				8	4	7
4	8	7			1	5	2	
	5		8	1		2	3	4
1	4	3	2	9	6	7	5	8
7	2	8	5			9	6	1

Puzzle 227

5	1	9	6	7	2	8		3
	2	6		3		1	5	
7		3	8	5	1	2	9	6
			2	9	3		7	1
	9	2	1		7	3	8	5
3		1	4	8	5	6	2	9
		5	3		9		6	4
9	6	4	7	1		5	3	2
2		7	5		6			

Puzzle 228

7	6	9		8	4		2	
5	2	8		1	9	4	3	7
1	4		7	5	2		8	9
6		2	4		8		5	
8	1	4		3	5		6	
3	7	5	1	2	6	9		8
	3	7	8			5	9	6
	5	6	2		7	8		3
		8		5	6	3		7	4

Puzzle 229

1	9	4	7	3	8			2
	8		1	2	6			4
2		6	5	4	9	3	1	8
3	1	9	2	8	7	5	4	6
7			3	6	4	8	9	
4	6	8	9	1		2	3	7
			8	9		1	2	5
9	2		6		1	4	8	3
		3	1	4		7	6	9

Puzzle 230

5	4	6	8	9		7	3	
3	1	9	6		2	4	5	
8		7		3		9	1	
6	5		4	8				9
	7	8	3	2	6	1	4	5
4		2	9	1	5	6	8	
	9	4	7	5		2	6	3
2	8	3		6	9		7	4
7	6				3	8		1

Puzzle 231

1		4			9	5		6
8	6	9			5	1	4	2
7	5	2	6	4	1		9	
5	8	7	4	6		9		1
2	4				7	6	8	
6	9	3	8	1	2		5	4
9	2	8	3	7		4		5
		5	9		4	8	6	7
4	7	6	1			2	3	9

Puzzle 232

8		7		1		5	4	2
4	1	6	5	3	2	8	9	7
5	9	2		8	7	1	3	6
2	4		6		9	3		8
	8	3	2		1		6	5
	5	9	8		3	4	2	1
9		5		2		6	8	3
1	2		3		8		7	5
	6	8	7		5	2		

Puzzle 233

6	9	4	8	1		5		7
1		2		5	7	9	8	6
	7		6	9		1	4	
5	8	3	1	7	6		2	9
	4	1	3	2	5	7	6	8
		7	9	4	8	3	1	5
	5			6	1	2	9	4
7		9	2		4	6	5	3
	2	6	5	3	9	8		

Puzzle 234

2		6		9	3		4	5
8	9		5	2	4	3	7	6
	4	3	1	7	6		8	2
3	5	4	9	8			6	
	8	2	4		5	7	9	3
7		9	3		2	8	5	4
	1	5		3	8	4		
4			2	5			1	8
6	2	8	7	4		5		9

Puzzle 235

4			7			3	8	1
	7	3			8	5		6
8	1	9			3	2	4	
5	6	8	1		9		3	2
3	9	2	6	8	7		1	5
7	4	1	2			8		
6	3	5	9	2	4	1	7	
	2	4	8		1	6	5	3
1	8	7	3	5	6	9		4

Puzzle 236

		9	6	1		5	7	2
3	7		4	2	9		6	8
		1	8	5			4	
9	2		3	4	8	7	1	5
1		8	2	7		4	3	
7	3	4	5		1	2	8	6
6	9	7	1	3	2		5	4
5		2	7	6			9	1
4	1	3	9		5		2	7

Puzzle 237

5	6	8	9	1	3			
4	3	1	8	2	7	9	6	5
7	9	2	5	6	4	8	3	
	8	6	7		5	4	1	9
3	1		6	9		2	5	7
	7	5	2				8	6
8		7	4	5	6		9	
6	4		1	8	9	5	7	2
1	5	9	3		2		4	

Puzzle 238

4	8		5	7			9	2
	5	2	3	8		6	4	7
	7	6		4	2	8		3
6	3	9		5		4	2	1
2	4	7	9	3	1	5	6	
	1	5		6	4	7	3	
7	6	8			3	9	1	5
	2	1	6	9	8	3		4
3	9	4		1	5	2		6

Puzzle 239

	7	9	1	4	3	8		6
	8	3	6	2		4	7	
6		4	8	5	7	3	2	9
	2		9	8			6	3
3	5	6	2		1	9	4	8
9	4				5	2		
8		7	4	9	2	1	3	
	9		5	3	6	7	8	4
4	3	5	7	1			9	2

Puzzle 240

4	1	2	5		6	7	3	8
7	8		2		3	6		4
6	3	5	7		8		1	2
8	9	3			7	4	6	
		6	3	8	4	1		7
1			6		9	2	8	
9	2	8		3		5	7	6
5	6		8	7	2	3	4	9
3	4		9	6	5		2	1

Puzzle 241

7	2	4	3			5	6	9
6	9	3		5	7	1	8	
	8		6	9	2	7		3
1	4		7	2	6	9		
2	6	9	8	3	5	4	7	1
8		7	9	1	4	6	2	5
9	1	6		4		8	5	
4		2	1	7		3		
3		8				2	1	

Puzzle 242

2	3	9		4	7	6	8	
1	6	8		3	2	4		7
			1	8		9	3	2
	5	1	7	9	8	3		6
9	8	7		6	3	1		5
6	2		4	1	5		9	8
	7			2	1	5	6	9
3		6	8		9	2	7	
5		2	6	7		8		3

Puzzle 243

9	5		1	6	3	4	7	8
7	3		8		4		1	
		1	5	2	7	3	6	9
4	9	1	3	5	8	7		6
5			4	1			9	3
3	6	8				1	5	4
6	8		7	4		5		2
1	4	5	2	3	9	6		7
2	7	3			5	9	4	1

Puzzle 244

9		8	4	1		3	7	2
6		1	7	2	3	9	8	5
7		2	9	8	5		1	4
	6	4	3	7	1	2	5	9
5			2	4	8	1	3	6
1	2	3	6	5		8		7
3	1	6	5	9		7		8
4		9		3		5		1
			1	6	7	4	9	3

Puzzle 245

1	6		4	5		8	9	
8					6	3		4
3	4	9		7		6	1	5
	5	7	6	9	1	4	3	
9		3	7	8	4		6	
4	8	6	3	2	5	1	7	9
	9	8	1		2	7		3
7		4	5	6	9			1
5	2	1	8	3	7	9		

Puzzle 246

6		2		4	8	1	7	3
5	4	1	2	7	3	8		
	7			6	1		4	5
4	1	3	8		7	9	6	2
	6	5		1	9	7	8	
9	8	7	4	2	6		3	1
7	2					4	1	8
8	5		1		4		2	7
1			7	8	2	6	5	9

Puzzle 247

1			7	9	4			6
8	9		3	1		2	4	7
	6			2	8	3		1
3			8	6	2	1	7	9
	1	9	4	3		6	8	
6		8	9	5	1	4	3	2
9	3	1	6	4		7	2	8
	4	2	1	8	9		6	3
5	8	6	2	7	3		1	

Puzzle 248

4	5	2	7		1			
	3	8		4	2		1	7
9	7		6		8	4	2	
7	1	6			4			3
	2	4	3		9	7	6	1
5	9	3	1	7	6	2	4	8
1	4	7	2	6	3		5	9
3	6	9	4	8	5	1		2
2	8	5				6	3	4

Puzzle 249

2		6			7		1	
1	3		5	9	2	8		
	5	4	8	1		2	3	7
	6	8	1		3	5	4	
4	1	5	7		9		2	6
3	2	9	6	5			8	1
	4	1		7	8		9	2
	9	3	2	4	5	1	7	8
8	7	2	9	6	1	4		3

Puzzle 250

2	4	1	5		9	6	8	7
6	5	7	8	4	2	3		1
3	8	9	6	1	7	2	5	
5	7	3		8				
	2	4	9	6	3		1	5
1	9	6	7		5		4	3
	3		2	5	6	1	7	9
7	1	5	3	9	8		6	2
	6	2	4	7			3	

Puzzle 251

	4	1	3	6	9	2	5	
6	5	2	7	4	1			9
	7			5	2	6		
1	3	8	6	2	7	4	9	5
4	9		1	8	5	7		3
5	2	7	9	3	4	1	6	
9	1	4	2	7		5	8	6
2	8	5	4		6	3	7	1
7		3			8	9		

Puzzle 252

			8	4	7	1	2	5
2	4	1	5		9	8	7	3
	7	5	2	3	1		6	
	8	2	6	9	3		4	
3	6				4	5		9
9	1	4	7	5	8	2		6
7		6		8	5	4	1	2
1	2	9		7	6	3	5	
		5	8	3		6	9	7

Puzzle 253

9	6	5		1	4	3	7	
8	4		5		3			
1	3	2	8	9		5	4	6
	8	9		4	1	6		7
	1		9		6	4	8	
6	2	4	7	8		9	3	1
2		1	4	5	8		6	3
4	7	6	1		2	8	5	9
3		8	6		9			4

Puzzle 254

4		6	1	5		7	3	
3	1	7	6		8	5	2	
	8	5	2	7	3		4	6
5	3	9			1	2	6	
6	4	8		2	5		1	3
2	7	1	9	3	6	4	8	5
	6	2		9		8	5	4
		3	8	1		6	9	2
8		4	5	6	2	3		1

Puzzle 255

8	9	2		3	1	7	5	4
5	3	7	2	4	9	6	1	8
4	6	1	5	7	8	2		
			3	2	4	8	7	1
1	7		8	9	5	4		6
2	4	8	1		7	3	9	5
	1	5		8	2	9	4	
3	2		4	1				
7						1	6	

Puzzle 256

	9	7		6		1	4	5
1	4		2		9		8	
8	3	6		5	4		9	
9		8	7			4	2	1
5		4	9	1	6	8	7	
7	1			4	2	6		9
4	5	1	6			9	3	8
3	7	9	4	8	1	5	6	2
6	8		5	9		7		4

Puzzle 257

1	9	3	2		5	7		6
	6	2		1	7		9	
4		7	6	9	8	1		2
3	8	4	5	2	1	6		9
9	7	5		6	3	4	2	1
		6	4	7		3	5	8
5	3		9	8	6	2	4	7
6	2		7	3	4		1	
7	4		1	5	2	8		3

Puzzle 258

2		7	9	4		5	8	6
4	8	6	2	1		7	3	9
5		9			7	2	1	
	7	1		5	9		2	3
3	9	2	4	8	1	6	5	
	5	4	3	7		8	9	1
9	2			3	6	1	4	
	6	3	5		4		7	8
7	4		1	9		3		2

Puzzle 259

5	9		2	4		1	7	
7		6			1	2		5
8	2	1	9		5		6	3
9	7	5	6	3	4	8		2
2		4	7	1	8	9	5	
1	6	8	5	9			3	4
6	5		4	2		3	8	1
3	8			5		6	4	
4			8	6	3	5		9

Puzzle 260

8	6	5	1	2	4	9		3
3	7	2		5	9	1		4
	9	1	8		7	5		
5	1	7	4		6	2	3	9
	3	6	7	1	2	4	5	8
	8	4		9	5	6	1	
6	2		5		8		4	1
1	4	8	9	6			2	5
7		3	2		1			

Puzzle 261

1	8	5		7	4	3		9
7	3	9	6		8			
2				9	5	7	8	1
8	1	3	5	2	6	4	7	9
6	2		1		9	5	3	8
9	5	4	3	8	7		6	2
4	6	8	7	3	2	9		5
5	7			9	1	6		3
3		1	4	6		8		

Puzzle 262

		6	9	7	1		8	
	8	1		2		9	7	5
7		9	8	4	5	1	6	2
3		7	5		6	8	2	1
1	6	8			2	7		9
9	2	5	1	8		6	3	4
8	7		2	1			9	
5	9	4		6	8	2	1	7
		1	2	7	5	9	3	4	8

Puzzle 263

	6	4	3	1		7	2	8
2		9	7	5	8		6	
8	1	7	2		4	9		3
3	4	8	6		5	1	9	2
6	2	5	9	3	1		7	
9	7	1			2	5	3	6
	5	2	1	9		6	8	7
7	9	3	4	8	6		1	5
		8		2	7	3		9

Puzzle 264

6	7	9		2	4	1	3	5
3		8	1	5	6	9		7
2	5	1	9		7		8	6
4	3			9	5	2		8
1		5	4	7		3		9
	8	6	2	1		5	7	
5	6	4	3		1	7		2
7	9	3	5		2		4	1
8		2	7	4	9			

Puzzle 265

6	2	4		1	8	5	7	3
		1	6	2	5	9	8	
8	9	5	3	4	7	2	6	
5	7		1	6	4	3	2	9
2	1	6	5	9	3	7	4	8
		4		8	2	1		6
	6		8	5	9	4	3	2
4						8		
3	8	2	4	7		6	9	5

Puzzle 266

9	4	8	3	7		5	2	1
1		7	9		5		4	8
2	5	3	8	4	1	9	6	
5	9	4	1		3	7	8	2
3	7		4	9	8	6	1	5
	1	6	2	5		4	3	9
4	2	1	5		9	8		6
	8						5	3
	3	5	7		2		9	4

Puzzle 267

6		4				3	2	1
9	3	7	6				4	5
2		1	4	3			7	9
	9		8	5	6	7	1	2
		8	2	7	1	4	9	3
7		2	3	9	4	5	8	
3		9	5	2	8	1	6	4
	2	6	7		3	9	5	8
8		5		6	9		3	

Puzzle 268

5	6	3	8	7	2	4	9	1
7	1			4	3	6	2	8
4					1	3		7
			2	1	7	5	4	9
1	5	4	3	8	9	7	6	2
	7	2	4			8		3
2		5		3	8		7	6
	3	7	9	2	4	1	8	5
8	9		7	6	5	2	3	

Puzzle 269

	1				4	8	7	5
	4	7	8	6		2		1
8	3			5	7			
4	9	1	5		2	7	8	
2	7	6	4	9	8	1	5	3
	5	8	7	1	6	4	2	
1	6					9	4	8
9	2	4	6		3	5	1	7
7	8	5	9	4		3	6	2

Puzzle 270

3		9	8	1	6	5	7	4
	1		5	2	9		8	3
6	8	5	4		3	9		
	5		7	4	2	3		8
4		2	9	3	8	1	6	5
9		8		5		4		7
2		7	3	9	4	8		
5	9	3			7		2	4
8	4		2	6	5	7	3	9

Puzzle 271

8	3	6		7	4		2	1
4		2	1		9	5	8	6
9		1	2	6		4	3	
6	1	7	8	9	3	2		
3		5	6		2	1	7	
	4		7			3	6	
7	6	3	4		1		9	5
1	2	8			6	7	4	3
5	9	4	3	8	7	6		1

Puzzle 272

1	3	2	7	8		9		5
	9	7			5	2		6
	6	4	2		1	3	8	7
2	5	8	6	7		1	9	3
7		3	9	1		5	6	8
6		9	5	3	8	7	2	4
			1	2	3	6	7	9
3	7	1	8	6		4	5	2
	2	6			7	8	3	

Puzzle 273

1	4	5	7		3		2	
	6	9		4	8	3	1	5
2				9	1		6	4
8	5	6	9	2	4	1		3
9	7	1	8			2		6
4	3	2	6	1	7	5		8
	9		3	7		4		1
	1	7	4	8	9	6	3	2
3		4	1	5	6	9	8	7

Puzzle 274

	8	7	6	3	9		4	
6	4	1	2	7	5	9	3	8
		5	4	1	8	2	6	
5	2	3	9	6	1	8	7	4
4	6	8	3	2	7	1		
7	1	9	8	5	4			6
1	7		5			6	8	2
		6	7	8		4	1	3
	3	2		4		7	5	9

Puzzle 275

8	7	1	4			3	9	5
3	2		8		5		7	4
5			7		1	8	2	6
4	6	2	3	5	7	9	8	
1		8	6		9	4	3	7
9	3			4	8	6	5	2
2	9	4		1	3	7	6	
	1	5	9	8	6			3
6		8			4	5		9

Puzzle 276

	1	4	9		5		8	
9	7	2	4	6	8	5	3	1
8	5	6	1		2	4		
2	4			9	7	3	1	5
5	3	9	8	4	1	2	6	
1	6	7	2	5	3	8	9	4
	2		7		9		5	
7	8			2	6	9	4	3
6		5	3	1	4	7		8

Puzzle 277

7	5	4	6	2			9	8
6	2	3	7	9	8	5	4	1
8		1	4	5	3			6
4	8	9	3			1	7	5
1	3	5		7		2		9
	6	7	9	1	5	4	8	
3		2	5	8		9		
9	1	6	2	3	7		5	4
5	7	8		4	9		3	

Puzzle 278

5	1	6	8	7	3	2	4	9
	3	7	6	9	2	1	5	
8	2	9	5	1	4			
	7	4	1	2		5	8	6
6		1		3	5		2	7
9		2	7	6		3	1	4
		8	3	5			9	1
1		5		8	7	4		2
7	9	3	2			8	6	

Puzzle 279

	1		9	4	7	6	2	3
2	6		8	5	1	9		7
	9	7	6	3		5	8	
1	3		7		5	4	9	
5	7		1	8		3	6	2
		2	3	6	4	1	7	
3		8			6	7	5	9
7	5	1		9				6
6	2	9	5	7	3		1	4

Puzzle 280

8	3	2	6		1	4	9	7
	6		3				8	1
4	9	1	2	7	8	6		5
7	4	3	8	2	6			9
6		5		1	9	3	4	2
1	2	9	5				6	8
	7		4	8	5		1	
3	1	8	9		2	5	7	
9	5	4	1	3	7	8		6

Puzzle 281

3	6	9	8	2			5	
	7	2		4	1	6	9	3
	5	1	6	3	9		7	8
2	9	5	1			7	6	
	8	7	9	5	4	3	1	
1	3	4	2	7	6		8	
9	2	6	3	1	8	5	4	7
				7		2	1		6
7	1		4	6	5	8	2	

Puzzle 282

2	4	7		9	8	5	1	6
		8	5	1	4	2		7
5	1	3	2		7	4		
1	3	2		5			4	9
4	6	9	7			8		2
8	7	5	9	4	2			3
9	2	4	6	7	5	3	8	1
7	5	6		8	3			
3	8	1			9	6	7	5

Puzzle 283

3	7	9	4		8	6		1
		1	6		3			
4	6	5	1	7				9
	2	3	8	4		5		6
7	5	6	2	3	1	9	8	4
9	4	8	5	6	7	3	1	
8	9	7	3		6	1	4	5
6		4	7	8		2	9	3
5	3	2	9		4	7	6	8

Puzzle 284

5		8	4	7			9	2
6	3	7		2		1	8	4
9	2		1	8	3	5	7	
	9		6	1		4	2	3
3	4		9	5	2	8	1	7
2	7		3			6	5	9
	8	9	2	3		7	6	5
4	5		7	6				8
7	6	3	8	9	5		4	1

Puzzle 285

		1	4		5	9		7
7	9	4	6	8	2		3	1
	5			9		7	6	8
3	2	8	1		6	7		5
5		9	2	7			6	3
6	1		3	5	9	8	4	2
9	3	6		2	1	4	7	8
1	8		7	6	4		5	9
4	7	5	8	9	3	2	1	

Puzzle 286

5	7		6	8		9	1	
6	4		2			5		3
	8		5	9	4		6	
8	2		7	4	9	6	3	1
1	6	3	8		5	4		9
4	9	7	3	1	6	8	2	5
7	5	4	1	6		3		8
9	1	6	4	3	8			7
2		8	9		7	1	4	6

Puzzle 287

4	7		5		2	9	6	
	5	3	4	9	1	7		2
		9	8	7	6	3	4	5
	8	4		6	7	2	1	9
3		6	2	1		4		7
	1	7	9	5		6	3	8
8	4	5	7			1	9	6
	3	1	6		9	5	2	4
9		2		4	5	8	7	

Puzzle 288

2	5	1	3	7		6		8
	7	3	4	1	6		5	
	4	9	5		8		7	3
5	6	7	2	8	3	4	9	1
1	3	8	9			5		7
	2	4	1	5	7	3	8	
7	9	5		3	2		1	4
	1	6	8		5	7	3	2
	8	2	7		1	9	6	5

Puzzle 289

7			1	6		8		4
2	3	4	9	7	8	1	6	
		1	5	3			2	
3		7	6	8	9	4	5	1
1	8		3		5		7	2
5	4	6	2		7	3	8	9
6	1	2	7	9		5	4	8
4	7	3	8			2	9	
		8		2	6	7		3

Puzzle 290

3	8	7	4		9			1
5				3		6	4	8
2	4	6	5	8	1		7	3
8		5	6	4	2	1	9	7
9	7		1	3	8	2	5	6
1	6	2	7	5	9	8	3	4
			9	1	3	7	6	5
6	9	3	8	7	5	4	1	
7				2		3		9

Puzzle 291

6				5			4	9
	9	1	7	6		5	3	8
3		5	8	1	9	2	6	7
8	6	9		4	2		1	5
1			6	7	5			4
4	5	7				3	2	
5		4	9			6	7	2
	2	3	4	8		9	5	1
9	1	6	5	2	7	4	8	3

Puzzle 292

3			4		1	2	5	6
6	9	1			2	3		8
5	2	4	8		6	1	7	
			3	8	1	6		4
1		2	6		7	8	9	3
8		6	2	9			1	7
7	1	8	9		3	4		5
4	5	9	1	6	8	7	3	
2	6	3	7	4		9	8	1

Puzzle 293

6		9	1			2	7	5
	8	4	5		2	3	6	9
7	5	2	9	3			1	8
		1	2	9	3	5	8	7
3	9	5	7		8	6	4	2
2	7		4	6		1	9	
8	1	3	6	5	9	7	2	4
9		7	3	4	1	8	5	
				8		2	9	3

Puzzle 294

		9	4	1	3	2	5	
7	2	3	8				1	9
5	1	4	2		9	8	3	6
9	5	7	3	6	8		2	4
1	4	2	7	9		3	6	
8		6	1	4				
4	9				7	5	8	
3	6	8	5		4		9	1
2	7	5	9	8		6	4	

Puzzle 295

6	8	2		9	5	1	4	3
	3		4	1	6			2
9	4	1	8			7	5	6
4	1		5	2		9	6	
8	9	5	6	4			2	
2	7	6		8	9		1	5
3	2	4			8	6		9
	5	8	9	6	4		3	1
1		6	2	7	3	5	8	4

Puzzle 296

3	4					8		5
1	8		3		2	7	9	6
		9	5	8	7	3	1	4
6		2	7	9	1	5	4	8
7	1	4		5	8	2	3	9
5	9	8			3	1	6	7
9	5	1		3	4	6	7	2
4				6	5	9	8	
8	2		1	7	9		5	

Puzzle 297

9	7			3	8		2	
6	1	3	7	4		9	8	5
8		2		6	1	7	3	
	3		4	7	9	2	1	6
1	6			2	5	4	7	
4		7	1	8				3
2	4		8	9	3	1		7
3	9	5	6	1	7		4	2
7	8				4	3	6	9

Puzzle 298

8			3	9	1	5	4	7
				6	7	8		2
7	1	4	8	2			9	6
	3	7	5	8	9	2	6	1
2	9	8		1	4	7	3	5
5	6	1					8	4
1	4	5	9		2	6		8
6	7			5	8	4	2	
3	8	2		4	6	1		

Puzzle 299

9	7		3	5	6	4	8	
		6	4	2	8	9		1
	2	4	7	9	1	3	5	6
4				3				5
6	5	7		1	4	2	9	3
3		2		7		6	4	8
7	4	8	1	6	3		2	9
	6	5	2			8	3	7
2		3	5	8	7		6	

Puzzle 300

7	3	1	2	8	9			6
2	5	8	3	6				1
6			1	7	5		3	2
4	8	5		2	6	1		3
	6	7	8	4	3	9	2	
3	2		7	5	1	4		8
8		3	6	1	7	2	5	9
5		6	4	9	2		8	7
9	7	2				6	1	4

Puzzle 301

9	8	7	1	2	4	5	3	
3		5	9	6	7	1	2	8
1		2	3	5	8	9	7	
8			5		3	2		7
2	3		4	7		8	6	5
7				8	2	3		9
4	2	3	7	9	5			
6	7	9				4	5	2
5	1	8	2		6	7	9	3

Puzzle 302

7	5	4	2	1	3	6	8	9
	2		7		9		4	3
9	3	8		6	5	2	7	
2	9	3	1	4	7	8	5	6
4	8		6	9		3	1	7
		1	5		8	4		2
3		9		2	4		6	5
	6	7	3		1	9		4
5		4	9	7	6	1	3	8

Puzzle 303

1		8	5				3	9
2	5		9			1	6	
			1	7		2	8	
	1	6		4	7	5	9	3
4			6	3	5	8	1	2
5		2	8	9	1	6	7	4
3		4	7	6		9	5	1
	8	5		1	2	7	4	6
7	6	1	4	5	9	3	2	

Puzzle 304

6		3	2		1		8	9
4	5		9		6	1	2	3
9		1	8	3	4			7
2	9	7	4	8	5		1	
1	8		7	6	3	9	4	2
3	6	4			9		5	8
8	1	2		4		6		5
5	3		6	1	2		7	
7	4	6	5	9	8	2	3	1

Puzzle 305

1	4	3			8	2	7	9
7	6			2		1	5	8
	5	2	1	9	7	6	4	3
5	2	4	7	1	9	8	3	
3	9		4	8	6	7	2	5
	8	7	2	3				
	7	5	8			3		1
4	3	8	6		1	5	9	2
2	1	6		5		4		7

Puzzle 306

			8		2		3	1
7	2	1	4			8		5
9	8	3	5	6		4		7
8	1	9		4	6	7		2
2	4		9	5	7	1	8	3
5	3	7	1	2	8		4	
	9				4	5	7	
1	7	2	6	8	5	3	9	4
6	5	4	7	9	3	2	1	

Puzzle 307

8	7		9	5	4	3	2	1
	1	4	8			6	9	7
2	9		7		6	8	5	
		1		9	3		4	6
4	6	5	1	8	7		3	9
	3	2	4		5		1	8
6	5	9	3	7			8	2
3	4		6	2		1	7	5
1		7	5	4	8	9	6	3

Puzzle 308

3	4	8	7	2	9	1		
2	6	9	5	1	8	7	3	
5		1		3	6		9	8
	5	6	1	4	2	3	8	
9				6			4	1
1		4	3		5	6	7	2
4	3	2	9	5	1	8		
8	1		6	7	4	9	2	3
	9	7	2	8	3	4	1	5

Puzzle 309

	3	7	6	8	5	9		
5	1	4		2	3	6	7	8
		9	4		1	2	3	5
8		1	3	4	9	7	5	2
	9	5	7	6	2	8		1
4	7	2	5			3	9	
9		3	2	5	6	1	8	7
1		6		9		4	2	3
		2		3	4	5	6	9

Puzzle 310

4	5	2	1	7	9	6		8
9	3		5	6	8	2	7	
8	6	7	2	3	4	5		1
2	9			1	3		4	5
5	4	6	7	8	2			
1	7	3			5	8	6	2
7		5	9		1	3		6
3	1	9	8	2	6	4	5	
6	2	4	3			1	8	

Puzzle 311

2	8	6	3	5		1		4
3	9	4	7	1		8		6
7	5	1	6	8	4	9		3
4	3		5	6	8	7	9	1
	7	5	9	3	1		6	2
6	1	9		2	7	5		8
	2	8	1		3	6		5
	6	7		9				4
		4	8			2	1	9

Puzzle 312

1	7	6	2	9	8	3	4	5
8	5	2	6			1	7	9
9	4	3	1	5		2		6
	1		3	8	5	7	2	4
	8	7	9	4	2		5	
5	2	4	7		6		9	3
4	9	1	8		3	5	6	2
		8		6	9		1	
	6	5	4		1	9	3	8

Puzzle 313

4	8	7	5	1	6	2	3	9
3	2	5	7	8	9		6	
		1	4			5	8	7
	6	9		3		4	2	5
5	3	2		9		8	7	1
8		4	2	5		6		3
	1		9	6	5	3	4	
2			1	7	8	9	5	
9	5	6	3	4		7	1	8

Puzzle 314

9	5		1	7	6	8	4	3
7	6	3	9	4	8	2		1
		4	1	3		5		
2	3	7	6	9	4	5		
			8	5	7	6	3	
6	8	5	2				7	
4		6	5	8	9		2	7
5	2	8			1	9	6	4
	7	9	4	6	2	1	8	

Puzzle 315

		1	6					3
	8	7	1		9	5	4	2
9	3	4	2	7	5	6	1	8
4	1	9		6	7		2	5
2	7	8	5			4	6	9
3	6	5	4	2	9		8	1
	4			5	2		9	6
7	5	2	9			1	3	4
8	9	6	3			2		7

Puzzle 316

8		1	9	6	2		5	
3	2			8	5	9	6	1
6	9	5	3	1			2	8
5	1	3	8	2	9			4
4	8	2	6	7	1	5	3	9
7	6		5	4		8	1	
1	3		4	9				5
9		8	2	3	7	1	4	
2	4	6	1	5				

Puzzle 317

		6	3	1		9	7	5
5	3	7	6	2	9	1	8	4
	1	4	8	5		6	2	3
1	8	3		4		7	5	
		9	7	8	5		1	2
	7		9		1	4	6	8
7	9	8					3	1
	4		5		8	2	9	6
6	5			9	3	8	4	7

Puzzle 318

		7	1		5	4		6
2	1	9	6	4		7	5	8
4	5	6	7	9	8		1	3
7			9	6		8		5
9	3	2		8	7	6	4	1
5	6	8	3		4	9	7	
6	2	3	4				8	
		9	8	7	6	3	2	4
8			2	3	1	5	6	

Puzzle 319

7	5	1		6	9	4	2	8
	6			2	8	5		1
8	2	9		1	4		6	7
5	3	6	8		2	7		9
	7	2	9		3		4	6
		8			6	2	3	5
3	1	4		8		9		
2	8	7	4	9		6	5	3
6		5	2	3	7	1	8	4

Puzzle 320

6	2	3	9	8	1	5		
1	8	5	2		7	9		3
9	4	7		6	5		1	2
7			6	9	4	3	8	5
3		4		5	8		9	1
8	5		1	3		6	4	7
		6			3	1	5	8
4				1	9		2	6
5	7			2	6	4	3	9

Puzzle 1

6	1	4	9	3	5	7	8	2
9	7	5	2	6	8	1	4	3
2	8	3	1	7	4	5	6	9
3	5	1	8	9	6	4	2	7
7	6	2	3	4	1	9	5	8
4	9	8	7	5	2	6	3	1
1	4	7	5	8	3	2	9	6
5	3	9	6	2	7	8	1	4
8	2	6	4	1	9	3	7	5

Puzzle 2

4	5	8	1	2	6	3	9	7
9	7	2	4	3	8	5	1	6
1	6	3	9	7	5	8	2	4
2	4	5	7	6	9	1	3	8
8	1	9	3	5	4	6	7	2
7	3	6	8	1	2	9	4	5
6	2	4	5	9	1	7	8	3
5	9	7	2	8	3	4	6	1
3	8	1	6	4	7	2	5	9

Puzzle 3

4	7	6	2	3	1	9	8	5
3	5	8	4	6	9	7	2	1
2	1	9	7	8	5	4	6	3
6	9	7	5	2	3	1	4	8
8	4	5	1	9	6	3	7	2
1	3	2	8	7	4	5	9	6
9	2	4	3	1	8	6	5	7
5	8	1	6	4	7	2	3	9
7	6	3	9	5	2	8	1	4

Puzzle 4

5	8	6	9	4	1	2	7	3
2	4	7	3	5	8	6	1	9
3	9	1	2	6	7	4	8	5
9	2	4	1	7	3	5	6	8
6	7	5	4	8	9	3	2	1
1	3	8	6	2	5	9	4	7
7	1	2	5	3	6	8	9	4
8	6	3	7	9	4	1	5	2
4	5	9	8	1	2	7	3	6

Puzzle 5

1	7	5	8	2	3	9	4	6
9	4	3	7	5	6	8	1	2
2	8	6	1	9	4	3	7	5
7	9	2	6	8	5	4	3	1
8	6	1	4	3	2	5	9	7
5	3	4	9	7	1	6	2	8
4	5	7	2	6	9	1	8	3
3	2	9	5	1	8	7	6	4
6	1	8	3	4	7	2	5	9

Puzzle 6

5	8	9	7	4	2	3	6	1
7	4	1	8	3	6	2	5	9
6	2	3	9	5	1	8	4	7
4	3	7	6	9	8	1	2	5
2	1	5	3	7	4	9	8	6
8	9	6	2	1	5	4	7	3
3	7	2	5	8	9	6	1	4
1	5	8	4	6	3	7	9	2
9	6	4	1	2	7	5	3	8

Puzzle 7

3	9	4	8	1	6	2	5	7
2	1	5	4	7	3	6	8	9
6	8	7	9	5	2	1	3	4
1	4	8	6	9	7	3	2	5
5	6	3	2	4	8	9	7	1
9	7	2	5	3	1	4	6	8
7	3	6	1	8	4	5	9	2
8	5	1	3	2	9	7	4	6
4	2	9	7	6	5	8	1	3

Puzzle 8

6	9	1	8	3	7	2	5	4
5	7	2	4	9	6	1	8	3
4	3	8	2	1	5	9	6	7
8	2	7	1	4	3	5	9	6
3	1	5	6	2	9	4	7	8
9	6	4	5	7	8	3	2	1
1	4	9	7	8	2	6	3	5
2	8	6	3	5	4	7	1	9
7	5	3	9	6	1	8	4	2

Puzzle 9

9	3	7	5	8	2	4	1	6
1	5	6	4	7	9	2	3	8
4	8	2	1	6	3	7	9	5
8	9	1	3	4	7	5	6	2
6	2	4	9	1	5	3	8	7
5	7	3	8	2	6	9	4	1
2	6	9	7	3	1	8	5	4
7	4	5	6	9	8	1	2	3
3	1	8	2	5	4	6	7	9

Puzzle 10

7	5	2	9	3	8	1	4	6
9	6	8	1	2	4	5	7	3
4	3	1	7	5	6	2	9	8
2	7	4	3	8	5	6	1	9
8	1	5	4	6	9	3	2	7
6	9	3	2	7	1	8	5	4
1	8	7	5	4	3	9	6	2
5	4	6	8	9	2	7	3	1
3	2	9	6	1	7	4	8	5

Puzzle 11

4	8	1	7	9	6	2	5	3
7	2	3	4	1	5	6	9	8
9	6	5	3	2	8	7	1	4
8	5	4	1	6	9	3	2	7
3	1	2	8	4	7	5	6	9
6	7	9	2	5	3	4	8	1
5	3	7	6	8	1	9	4	2
2	9	8	5	7	4	1	3	6
1	4	6	9	3	2	8	7	5

Puzzle 12

1	6	8	7	9	2	3	4	5
4	2	7	1	3	5	6	8	9
9	3	5	8	6	4	2	7	1
8	9	3	6	1	7	5	2	4
7	5	1	4	2	9	8	3	6
2	4	6	5	8	3	1	9	7
5	1	2	9	7	8	4	6	3
6	8	9	3	4	1	7	5	2
3	7	4	2	5	6	9	1	8

Puzzle 13

9	5	6	8	4	3	1	7	2
4	8	3	7	2	1	5	6	9
1	7	2	6	9	5	4	8	3
8	2	4	1	6	9	7	3	5
5	3	1	2	7	4	8	9	6
7	6	9	5	3	8	2	4	1
6	9	7	4	5	2	3	1	8
3	1	5	9	8	7	6	2	4
2	4	8	3	1	6	9	5	7

Puzzle 14

3	9	5	7	8	1	2	6	4
2	7	4	3	5	6	9	1	8
8	1	6	4	2	9	7	5	3
7	4	9	8	3	5	6	2	1
5	6	8	9	1	2	3	4	7
1	2	3	6	4	7	8	9	5
4	3	2	1	9	8	5	7	6
9	8	7	5	6	4	1	3	2
6	5	1	2	7	3	4	8	9

Puzzle 15

8	2	6	4	9	1	3	5	7
4	3	7	8	6	5	1	2	9
9	5	1	2	7	3	6	4	8
1	9	8	7	3	2	5	6	4
2	6	5	9	8	4	7	1	3
3	7	4	5	1	6	8	9	2
6	8	2	1	4	7	9	3	5
5	1	9	3	2	8	4	7	6
7	4	3	6	5	9	2	8	1

Puzzle 16

8	9	2	1	4	7	5	3	6
3	1	4	5	6	9	7	2	8
6	5	7	8	3	2	4	1	9
2	6	8	9	7	5	1	4	3
7	4	1	6	8	3	9	5	2
9	3	5	4	2	1	8	6	7
5	8	9	3	1	6	2	7	4
4	7	6	2	5	8	3	9	1
1	2	3	7	9	4	6	8	5

Puzzle 17

3	5	6	1	7	9	8	2	4
9	7	4	5	2	8	1	6	3
2	1	8	4	3	6	5	9	7
8	2	5	7	9	3	6	4	1
4	9	1	8	6	5	3	7	2
7	6	3	2	1	4	9	5	8
1	3	7	6	5	2	4	8	9
5	8	2	9	4	1	7	3	6
6	4	9	3	8	7	2	1	5

Puzzle 18

4	8	5	3	7	1	9	2	6
7	9	1	5	2	6	8	3	4
2	3	6	4	9	8	1	5	7
8	6	9	1	3	4	2	7	5
1	2	3	9	5	7	6	4	8
5	7	4	8	6	2	3	9	1
6	4	2	7	8	3	5	1	9
9	1	8	2	4	5	7	6	3
3	5	7	6	1	9	4	8	2

Puzzle 19

8	9	2	5	6	4	7	3	1
7	3	5	8	1	2	9	6	4
4	1	6	9	3	7	8	2	5
1	4	9	7	8	3	6	5	2
5	8	7	4	2	6	3	1	9
6	2	3	1	9	5	4	8	7
2	5	8	3	4	9	1	7	6
9	7	1	6	5	8	2	4	3
3	6	4	2	7	1	5	9	8

Puzzle 20

4	8	3	9	5	1	2	7	6
1	2	7	8	4	6	9	5	3
6	5	9	2	3	7	1	8	4
9	6	2	7	8	5	4	3	1
8	4	1	3	2	9	7	6	5
3	7	5	6	1	4	8	2	9
5	9	6	4	7	2	3	1	8
7	3	4	1	6	8	5	9	2
2	1	8	5	9	3	6	4	7

Puzzle 21

6	2	4	8	1	3	5	7	9
7	8	9	4	6	5	1	2	3
5	1	3	7	9	2	8	6	4
2	4	7	9	3	8	6	1	5
3	9	1	6	5	7	2	4	8
8	6	5	1	2	4	9	3	7
1	3	8	5	7	6	4	9	2
9	5	2	3	4	1	7	8	6
4	7	6	2	8	9	3	5	1

Puzzle 22

7	1	9	6	3	4	8	5	2
3	6	8	5	2	7	4	9	1
4	2	5	8	9	1	7	3	6
8	7	6	2	5	9	1	4	3
2	3	4	1	7	8	9	6	5
5	9	1	3	4	6	2	8	7
6	8	7	4	1	3	5	2	9
9	5	3	7	8	2	6	1	4
1	4	2	9	6	5	3	7	8

Puzzle 23

3	6	5	1	9	4	2	7	8
7	1	2	8	6	5	9	4	3
9	4	8	3	7	2	5	1	6
5	3	6	4	1	8	7	9	2
8	7	9	5	2	6	4	3	1
4	2	1	7	3	9	6	8	5
2	9	3	6	4	1	8	5	7
1	8	4	2	5	7	3	6	9
6	5	7	9	8	3	1	2	4

Puzzle 24

2	3	4	7	1	8	5	6	9
8	1	9	2	5	6	3	4	7
7	5	6	9	4	3	1	2	8
3	6	8	1	7	2	9	5	4
9	4	2	3	8	5	6	7	1
1	7	5	4	6	9	2	8	3
6	9	1	8	2	7	4	3	5
5	8	3	6	9	4	7	1	2
4	2	7	5	3	1	8	9	6

Puzzle 25

1	9	8	6	2	4	3	7	5
5	7	6	1	9	3	2	8	4
4	2	3	8	7	5	1	9	6
7	5	9	2	6	1	8	4	3
6	1	4	7	3	8	5	2	9
3	8	2	5	4	9	6	1	7
2	4	7	3	8	6	9	5	1
9	3	5	4	1	2	7	6	8
8	6	1	9	5	7	4	3	2

Puzzle 26

8	3	5	9	2	4	7	6	1
6	4	1	7	8	3	5	2	9
9	7	2	1	5	6	8	3	4
3	6	4	8	1	9	2	7	5
7	2	8	6	4	5	1	9	3
1	5	9	2	3	7	6	4	8
4	9	7	5	6	1	3	8	2
2	1	3	4	7	8	9	5	6
5	8	6	3	9	2	4	1	7

Puzzle 27

2	9	8	4	3	1	5	7	6
3	4	6	7	2	5	8	9	1
5	7	1	8	9	6	2	4	3
4	8	9	3	6	7	1	2	5
6	5	7	2	1	9	4	3	8
1	3	2	5	4	8	7	6	9
7	2	5	6	8	3	9	1	4
8	1	3	9	7	4	6	5	2
9	6	4	1	5	2	3	8	7

Puzzle 28

2	3	8	7	4	1	6	9	5
4	6	1	5	9	3	8	2	7
9	5	7	8	6	2	1	3	4
7	1	4	3	5	8	9	6	2
6	9	5	1	2	4	7	8	3
8	2	3	6	7	9	4	5	1
3	7	6	9	1	5	2	4	8
1	8	2	4	3	6	5	7	9
5	4	9	2	8	7	3	1	6

Puzzle 29

9	3	5	6	2	8	4	1	7
1	8	7	3	9	4	2	6	5
2	4	6	5	7	1	3	9	8
7	2	1	8	3	5	6	4	9
4	5	8	9	1	6	7	3	2
3	6	9	7	4	2	8	5	1
6	7	4	1	8	9	5	2	3
5	1	3	2	6	7	9	8	4
8	9	2	4	5	3	1	7	6

Puzzle 30

3	7	8	6	2	9	5	1	4
5	1	6	4	3	7	2	8	9
9	2	4	8	1	5	3	7	6
6	4	7	2	5	3	8	9	1
8	9	5	7	6	1	4	2	3
1	3	2	9	8	4	6	5	7
4	8	9	5	7	6	1	3	2
7	5	1	3	4	2	9	6	8
2	6	3	1	9	8	7	4	5

Puzzle 31

1	2	6	5	3	9	8	7	4
3	4	5	8	2	7	9	1	6
7	9	8	1	6	4	3	5	2
2	6	9	7	1	8	4	3	5
4	5	7	2	9	3	6	8	1
8	1	3	4	5	6	7	2	9
6	8	1	9	7	2	5	4	3
5	3	4	6	8	1	2	9	7
9	7	2	3	4	5	1	6	8

Puzzle 32

7	6	1	2	8	5	4	3	9
5	4	3	1	6	9	7	2	8
9	8	2	3	7	4	5	6	1
8	1	4	7	5	6	3	9	2
3	7	9	8	2	1	6	5	4
2	5	6	9	4	3	8	1	7
1	2	8	5	3	7	9	4	6
6	9	5	4	1	8	2	7	3
4	3	7	6	9	2	1	8	5

Puzzle 33

8	3	6	9	5	1	7	4	2
2	4	1	6	7	8	5	9	3
5	9	7	2	4	3	1	8	6
4	6	5	7	9	2	8	3	1
3	1	9	4	8	5	2	6	7
7	2	8	3	1	6	9	5	4
9	8	4	1	3	7	6	2	5
6	7	3	5	2	9	4	1	8
1	5	2	8	6	4	3	7	9

Puzzle 34

8	9	5	2	1	4	3	7	6
1	7	4	6	9	3	2	5	8
6	2	3	8	5	7	1	4	9
3	6	2	9	8	5	7	1	4
5	4	1	3	7	6	8	9	2
9	8	7	4	2	1	5	6	3
4	1	8	5	6	2	9	3	7
2	5	6	7	3	9	4	8	1
7	3	9	1	4	8	6	2	5

Puzzle 35

4	2	3	7	6	1	8	9	5
5	9	7	4	3	8	6	2	1
1	6	8	9	5	2	3	7	4
8	7	4	6	9	3	5	1	2
2	3	9	5	1	4	7	8	6
6	1	5	8	2	7	4	3	9
7	5	1	2	8	6	9	4	3
9	8	2	3	4	5	1	6	7
3	4	6	1	7	9	2	5	8

Puzzle 36

8	1	5	2	9	4	7	3	6
3	6	4	7	5	8	2	1	9
2	9	7	1	6	3	4	5	8
1	7	9	4	3	2	8	6	5
6	5	2	8	1	9	3	4	7
4	8	3	6	7	5	9	2	1
5	4	1	9	2	7	6	8	3
7	2	6	3	8	1	5	9	4
9	3	8	5	4	6	1	7	2

Puzzle 37

3	4	1	9	6	2	8	5	7
9	2	6	8	5	7	4	1	3
8	5	7	1	4	3	2	9	6
5	1	9	3	7	4	6	2	8
6	3	2	5	8	1	7	4	9
4	7	8	6	2	9	5	3	1
1	8	5	4	9	6	3	7	2
2	6	3	7	1	5	9	8	4
7	9	4	2	3	8	1	6	5

Puzzle 38

9	1	5	3	8	7	4	6	2
8	4	6	2	9	5	7	1	3
3	7	2	1	6	4	9	8	5
5	6	8	4	3	1	2	7	9
1	2	4	8	7	9	5	3	6
7	3	9	5	2	6	1	4	8
2	8	1	7	5	3	6	9	4
4	9	3	6	1	2	8	5	7
6	5	7	9	4	8	3	2	1

Puzzle 39

7	1	6	4	5	8	9	2	3
4	8	5	9	3	2	7	1	6
9	3	2	6	1	7	8	4	5
8	7	3	2	9	4	5	6	1
1	2	9	7	6	5	3	8	4
5	6	4	3	8	1	2	9	7
6	5	8	1	2	3	4	7	9
3	4	1	8	7	9	6	5	2
2	9	7	5	4	6	1	3	8

Puzzle 40

4	6	1	8	7	5	3	2	9
5	3	2	6	9	4	7	1	8
7	8	9	3	2	1	6	5	4
6	1	8	9	5	3	4	7	2
9	4	5	7	6	2	1	8	3
2	7	3	1	4	8	5	9	6
3	9	4	2	1	7	8	6	5
1	5	6	4	8	9	2	3	7
8	2	7	5	3	6	9	4	1

Puzzle 41

7	6	8	4	1	9	2	3	5
3	2	5	7	8	6	1	4	9
1	9	4	2	3	5	8	7	6
9	5	2	1	6	3	7	8	4
6	4	1	8	2	7	9	5	3
8	3	7	9	5	4	6	1	2
2	7	6	5	4	8	3	9	1
5	1	9	3	7	2	4	6	8
4	8	3	6	9	1	5	2	7

Puzzle 42

6	5	3	8	9	2	7	4	1
2	4	9	7	3	1	6	5	8
7	1	8	6	4	5	9	2	3
5	8	1	9	2	7	4	3	6
9	3	7	5	6	4	1	8	2
4	2	6	3	1	8	5	9	7
3	6	5	2	7	9	8	1	4
8	7	4	1	5	3	2	6	9
1	9	2	4	8	6	3	7	5

Puzzle 43

3	9	4	2	1	6	5	7	8
8	2	6	4	7	5	9	1	3
5	1	7	9	8	3	6	2	4
1	5	2	8	4	7	3	9	6
7	8	9	6	3	2	4	5	1
4	6	3	1	5	9	2	8	7
2	3	1	7	9	4	8	6	5
9	7	5	3	6	8	1	4	2
6	4	8	5	2	1	7	3	9

Puzzle 44

2	3	6	9	4	7	1	5	8
9	4	8	2	1	5	7	3	6
7	1	5	8	6	3	2	4	9
6	5	7	3	8	1	9	2	4
4	8	2	7	5	9	3	6	1
3	9	1	4	2	6	8	7	5
8	6	9	5	7	2	4	1	3
1	2	3	6	9	4	5	8	7
5	7	4	1	3	8	6	9	2

Puzzle 45

6	8	1	3	4	9	7	5	2
5	9	2	1	8	7	3	6	4
7	3	4	2	5	6	8	1	9
8	4	9	5	3	2	6	7	1
3	5	7	4	6	1	2	9	8
1	2	6	7	9	8	4	3	5
4	7	5	9	2	3	1	8	6
2	1	8	6	7	5	9	4	3
9	6	3	8	1	4	5	2	7

Puzzle 46

3	2	9	4	8	5	1	7	6
6	5	1	7	9	2	3	4	8
8	7	4	1	3	6	5	2	9
4	9	2	3	5	1	8	6	7
5	8	3	6	2	7	9	1	4
7	1	6	9	4	8	2	3	5
9	6	5	2	1	4	7	8	3
2	3	7	8	6	9	4	5	1
1	4	8	5	7	3	6	9	2

Puzzle 47

4	7	8	3	9	5	1	2	6
3	5	1	8	2	6	7	9	4
2	9	6	7	4	1	3	8	5
6	4	3	9	7	2	8	5	1
1	2	5	6	8	4	9	7	3
9	8	7	5	1	3	6	4	2
5	1	9	4	6	7	2	3	8
8	3	2	1	5	9	4	6	7
7	6	4	2	3	8	5	1	9

Puzzle 48

2	5	4	9	7	8	3	6	1
8	1	9	6	4	3	2	5	7
7	6	3	2	1	5	8	9	4
5	9	2	8	6	1	7	4	3
1	8	6	4	3	7	9	2	5
3	4	7	5	9	2	6	1	8
9	3	5	7	2	4	1	8	6
6	7	8	1	5	9	4	3	2
4	2	1	3	8	6	5	7	9

Puzzle 49

3	2	6	5	9	7	4	8	1
9	7	5	8	1	4	2	3	6
4	8	1	2	6	3	9	7	5
5	4	9	6	7	2	3	1	8
1	3	2	4	5	8	6	9	7
8	6	7	1	3	9	5	4	2
6	1	8	3	4	5	7	2	9
2	9	4	7	8	6	1	5	3
7	5	3	9	2	1	8	6	4

Puzzle 50

9	5	4	8	3	1	6	2	7
8	1	3	2	7	6	4	9	5
2	6	7	4	5	9	3	1	8
5	4	2	9	1	3	8	7	6
6	8	9	7	2	5	1	4	3
7	3	1	6	4	8	2	5	9
4	7	6	3	9	2	5	8	1
1	9	8	5	6	4	7	3	2
3	2	5	1	8	7	9	6	4

Puzzle 51

9	1	8	2	6	5	4	3	7
7	2	4	8	9	3	1	6	5
5	6	3	7	4	1	2	8	9
1	7	5	6	3	8	9	4	2
8	3	2	4	7	9	6	5	1
6	4	9	1	5	2	3	7	8
2	9	6	5	8	4	7	1	3
4	8	1	3	2	7	5	9	6
3	5	7	9	1	6	8	2	4

Puzzle 52

2	3	8	4	5	1	7	9	6
9	5	4	7	6	8	3	1	2
6	7	1	2	3	9	4	5	8
3	6	9	1	8	2	5	7	4
4	8	5	9	7	3	6	2	1
7	1	2	5	4	6	9	8	3
5	9	3	8	1	4	2	6	7
8	4	7	6	2	5	1	3	9
1	2	6	3	9	7	8	4	5

Puzzle 53

7	8	2	9	3	1	5	6	4
3	6	5	8	4	7	9	2	1
9	1	4	6	5	2	3	7	8
8	5	1	4	9	6	7	3	2
2	7	9	3	1	5	8	4	6
6	4	3	7	2	8	1	9	5
1	2	7	5	6	9	4	8	3
4	9	6	1	8	3	2	5	7
5	3	8	2	7	4	6	1	9

Puzzle 54

5	9	1	4	8	6	2	7	3
8	6	4	2	3	7	1	9	5
7	2	3	1	5	9	6	8	4
9	3	2	8	7	5	4	6	1
4	1	7	3	6	2	8	5	9
6	8	5	9	1	4	7	3	2
3	7	8	5	2	1	9	4	6
1	5	9	6	4	8	3	2	7
2	4	6	7	9	3	5	1	8

Puzzle 55

7	6	5	1	3	2	4	8	9
9	4	2	5	6	8	7	3	1
3	8	1	9	4	7	2	6	5
6	1	8	3	5	4	9	2	7
4	7	9	2	1	6	8	5	3
2	5	3	8	7	9	1	4	6
5	3	7	4	2	1	6	9	8
8	2	6	7	9	3	5	1	4
1	9	4	6	8	5	3	7	2

Puzzle 56

2	1	6	9	3	8	4	7	5
5	7	8	1	2	4	3	9	6
3	4	9	5	7	6	1	8	2
7	2	3	8	6	5	9	1	4
1	6	4	3	9	2	8	5	7
8	9	5	7	4	1	6	2	3
6	3	7	2	1	9	5	4	8
4	5	1	6	8	7	2	3	9
9	8	2	4	5	3	7	6	1

Puzzle 57

8	5	3	9	7	4	2	6	1
6	4	2	3	1	5	7	8	9
1	9	7	2	6	8	3	5	4
5	6	4	1	2	7	9	3	8
9	3	8	5	4	6	1	2	7
2	7	1	8	9	3	6	4	5
4	1	6	7	8	2	5	9	3
3	8	9	6	5	1	4	7	2
7	2	5	4	3	9	8	1	6

Puzzle 58

6	2	5	8	4	3	9	7	1
3	4	7	6	1	9	5	8	2
8	9	1	2	7	5	4	6	3
1	5	9	4	8	7	3	2	6
2	8	3	1	9	6	7	4	5
4	7	6	5	3	2	1	9	8
7	6	8	9	5	1	2	3	4
5	3	2	7	6	4	8	1	9
9	1	4	3	2	8	6	5	7

Puzzle 59

1	3	2	8	7	4	6	5	9
8	4	5	9	6	2	3	7	1
7	6	9	1	5	3	4	8	2
5	9	8	6	1	7	2	3	4
4	7	6	3	2	9	5	1	8
2	1	3	4	8	5	9	6	7
9	2	7	5	3	8	1	4	6
6	5	4	7	9	1	8	2	3
3	8	1	2	4	6	7	9	5

Puzzle 60

8	1	9	2	7	3	4	5	6
4	5	3	9	8	6	7	1	2
2	6	7	5	4	1	3	8	9
3	2	1	4	5	9	8	6	7
9	8	4	3	6	7	5	2	1
5	7	6	8	1	2	9	3	4
7	9	2	6	3	5	1	4	8
6	3	8	1	9	4	2	7	5
1	4	5	7	2	8	6	9	3

Puzzle 61

2	7	8	5	6	1	3	9	4
4	6	1	9	2	3	5	8	7
5	9	3	8	7	4	2	6	1
9	1	2	4	8	7	6	5	3
7	3	5	2	1	6	9	4	8
6	8	4	3	5	9	1	7	2
1	2	6	7	9	8	4	3	5
3	5	7	6	4	2	8	1	9
8	4	9	1	3	5	7	2	6

Puzzle 62

4	8	9	5	1	7	2	3	6
3	1	6	8	2	9	7	5	4
7	5	2	6	4	3	9	1	8
9	7	1	2	5	8	4	6	3
5	2	3	9	6	4	8	7	1
8	6	4	3	7	1	5	2	9
2	4	5	1	9	6	3	8	7
6	3	7	4	8	2	1	9	5
1	9	8	7	3	5	6	4	2

Puzzle 63

7	2	4	5	6	9	1	8	3
3	6	1	2	8	4	7	5	9
9	5	8	3	1	7	4	6	2
6	4	2	9	5	8	3	7	1
1	7	9	4	3	6	5	2	8
5	8	3	1	7	2	6	9	4
8	3	5	7	9	1	2	4	6
2	1	6	8	4	5	9	3	7
4	9	7	6	2	3	8	1	5

Puzzle 64

9	5	4	1	2	3	6	7	8
6	7	1	8	9	5	4	2	3
2	8	3	6	7	4	9	1	5
7	1	5	4	3	2	8	6	9
8	2	9	7	5	6	1	3	4
4	3	6	9	1	8	7	5	2
3	4	8	2	6	7	5	9	1
1	6	2	5	4	9	3	8	7
5	9	7	3	8	1	2	4	6

Puzzle 65

1	2	6	5	9	8	4	7	3
7	3	5	6	1	4	9	8	2
8	4	9	7	3	2	6	1	5
6	8	3	1	5	9	2	4	7
5	9	1	4	2	7	3	6	8
4	7	2	8	6	3	5	9	1
3	1	8	9	4	5	7	2	6
2	6	4	3	7	1	8	5	9
9	5	7	2	8	6	1	3	4

Puzzle 66

4	3	8	2	7	9	1	6	5
2	1	6	3	4	5	9	7	8
7	5	9	8	6	1	3	4	2
8	6	5	4	9	3	7	2	1
3	4	7	5	1	2	8	9	6
9	2	1	6	8	7	4	5	3
1	8	2	9	5	4	6	3	7
6	9	3	7	2	8	5	1	4
5	7	4	1	3	6	2	8	9

Puzzle 67

7	2	5	1	8	4	6	3	9
4	9	8	6	7	3	1	5	2
3	1	6	9	2	5	4	7	8
6	8	1	2	5	9	7	4	3
9	3	4	8	6	7	5	2	1
5	7	2	4	3	1	9	8	6
1	5	7	3	9	2	8	6	4
8	4	3	7	1	6	2	9	5
2	6	9	5	4	8	3	1	7

Puzzle 68

7	8	5	6	1	4	9	3	2
4	1	9	8	3	2	6	7	5
6	2	3	9	7	5	8	4	1
1	9	8	2	6	3	7	5	4
2	7	6	4	5	9	3	1	8
3	5	4	7	8	1	2	6	9
5	3	7	1	2	8	4	9	6
8	4	1	3	9	6	5	2	7
9	6	2	5	4	7	1	8	3

Puzzle 69

9	1	7	3	4	8	2	5	6
6	2	3	1	5	9	8	4	7
4	8	5	2	7	6	3	9	1
1	6	9	8	3	4	5	7	2
5	4	2	7	6	1	9	3	8
7	3	8	9	2	5	6	1	4
3	5	4	6	8	7	1	2	9
8	7	1	5	9	2	4	6	3
2	9	6	4	1	3	7	8	5

Puzzle 70

1	3	5	8	6	2	4	9	7
6	2	8	7	9	4	5	3	1
9	7	4	1	5	3	8	6	2
2	1	9	3	8	6	7	5	4
8	4	6	5	2	7	3	1	9
7	5	3	4	1	9	2	8	6
5	8	2	9	4	1	6	7	3
3	6	1	2	7	8	9	4	5
4	9	7	6	3	5	1	2	8

Puzzle 71

6	3	7	2	4	8	1	9	5
2	4	9	3	5	1	7	6	8
1	5	8	9	6	7	3	2	4
7	2	5	8	3	6	9	4	1
8	9	1	5	2	4	6	3	7
3	6	4	7	1	9	8	5	2
5	1	6	4	7	3	2	8	9
9	7	2	6	8	5	4	1	3
4	8	3	1	9	2	5	7	6

Puzzle 72

2	3	9	1	6	5	4	8	7
6	4	7	8	2	3	9	5	1
5	1	8	7	4	9	3	2	6
4	5	3	6	1	7	2	9	8
7	2	1	4	9	8	5	6	3
8	9	6	3	5	2	1	7	4
3	6	5	2	8	1	7	4	9
9	7	4	5	3	6	8	1	2
1	8	2	9	7	4	6	3	5

Puzzle 73

6	4	1	3	8	7	9	2	5
9	7	2	4	5	1	3	6	8
8	3	5	6	2	9	1	4	7
1	2	7	8	4	6	5	3	9
3	6	8	7	9	5	4	1	2
5	9	4	1	3	2	7	8	6
7	8	3	5	6	4	2	9	1
4	5	9	2	1	8	6	7	3
2	1	6	9	7	3	8	5	4

Puzzle 74

2	5	1	6	9	7	8	3	4
4	6	7	8	1	3	2	5	9
9	3	8	2	4	5	6	7	1
5	8	3	9	7	6	1	4	2
7	4	9	3	2	1	5	6	8
1	2	6	5	8	4	3	9	7
6	9	2	7	5	8	4	1	3
3	7	4	1	6	2	9	8	5
8	1	5	4	3	9	7	2	6

Puzzle 75

9	1	4	7	6	3	8	2	5
6	2	8	5	4	9	7	3	1
3	5	7	2	1	8	6	4	9
2	9	1	6	7	4	3	5	8
8	6	5	3	9	2	1	7	4
7	4	3	8	5	1	9	6	2
5	7	2	1	8	6	4	9	3
4	8	6	9	3	5	2	1	7
1	3	9	4	2	7	5	8	6

Puzzle 76

6	8	9	5	2	7	3	1	4
7	2	4	6	3	1	5	9	8
3	1	5	4	9	8	6	2	7
4	5	7	2	8	3	1	6	9
8	9	6	7	1	5	2	4	3
1	3	2	9	6	4	8	7	5
2	7	3	8	4	6	9	5	1
5	6	1	3	7	9	4	8	2
9	4	8	1	5	2	7	3	6

Puzzle 77

9	4	2	8	7	5	1	3	6
1	7	6	4	9	3	8	5	2
3	8	5	6	1	2	7	4	9
4	5	8	3	6	9	2	7	1
6	1	9	2	4	7	5	8	3
2	3	7	5	8	1	6	9	4
5	9	3	7	2	6	4	1	8
8	6	1	9	5	4	3	2	7
7	2	4	1	3	8	9	6	5

Puzzle 78

3	5	2	6	8	7	4	1	9
6	9	7	2	4	1	8	3	5
1	4	8	9	5	3	2	7	6
2	7	3	4	9	5	1	6	8
8	1	4	3	2	6	5	9	7
5	6	9	1	7	8	3	4	2
4	8	5	7	1	9	6	2	3
9	2	6	8	3	4	7	5	1
7	3	1	5	6	2	9	8	4

Puzzle 79

3	9	2	1	6	8	4	7	5
4	1	8	3	7	5	2	9	6
6	5	7	9	4	2	1	8	3
5	8	1	7	2	9	6	3	4
9	6	4	8	3	1	7	5	2
2	7	3	6	5	4	8	1	9
7	3	5	2	8	6	9	4	1
8	2	9	4	1	3	5	6	7
1	4	6	5	9	7	3	2	8

Puzzle 80

9	2	3	1	7	5	4	6	8
4	7	5	9	8	6	2	3	1
8	6	1	4	3	2	7	5	9
1	5	9	3	6	4	8	2	7
7	8	2	5	9	1	6	4	3
6	3	4	8	2	7	1	9	5
3	9	7	6	4	8	5	1	2
2	1	6	7	5	9	3	8	4
5	4	8	2	1	3	9	7	6

Puzzle 81

7	8	3	9	4	5	1	6	2
1	5	9	3	2	6	7	4	8
6	4	2	1	7	8	5	9	3
9	6	8	2	1	4	3	5	7
2	7	1	5	3	9	4	8	6
5	3	4	8	6	7	9	2	1
4	2	5	7	8	1	6	3	9
3	1	6	4	9	2	8	7	5
8	9	7	6	5	3	2	1	4

Puzzle 82

8	1	6	4	5	3	7	9	2
7	9	3	8	1	2	5	6	4
5	2	4	9	7	6	3	1	8
9	8	1	3	2	5	6	4	7
2	3	5	6	4	7	9	8	1
4	6	7	1	8	9	2	3	5
1	5	9	7	3	4	8	2	6
6	7	8	2	9	1	4	5	3
3	4	2	5	6	8	1	7	9

Puzzle 83

1	7	3	8	6	2	4	9	5
2	9	4	3	7	5	1	8	6
5	6	8	9	4	1	7	2	3
7	8	9	2	5	4	3	6	1
3	5	1	7	9	6	8	4	2
6	4	2	1	3	8	9	5	7
9	2	6	4	1	7	5	3	8
8	3	7	5	2	9	6	1	4
4	1	5	6	8	3	2	7	9

Puzzle 84

6	3	2	9	8	1	5	4	7
1	7	5	6	4	2	8	3	9
8	9	4	5	3	7	6	2	1
2	5	1	7	6	8	3	9	4
9	6	3	2	1	4	7	8	5
7	4	8	3	5	9	2	1	6
4	1	7	8	2	6	9	5	3
5	2	9	4	7	3	1	6	8
3	8	6	1	9	5	4	7	2

Puzzle 85

7	4	1	3	5	8	6	9	2
6	9	2	7	4	1	8	5	3
5	8	3	9	2	6	7	4	1
2	3	6	8	9	4	5	1	7
1	5	9	2	6	7	3	8	4
8	7	4	1	3	5	2	6	9
4	6	7	5	1	2	9	3	8
3	2	5	4	8	9	1	7	6
9	1	8	6	7	3	4	2	5

Puzzle 86

3	2	6	7	8	5	9	4	1
9	5	4	1	2	3	6	8	7
7	1	8	4	9	6	2	3	5
8	9	2	3	7	4	1	5	6
5	4	3	6	1	2	7	9	8
6	7	1	9	5	8	3	2	4
1	8	9	5	3	7	4	6	2
4	3	5	2	6	1	8	7	9
2	6	7	8	4	9	5	1	3

Puzzle 87

7	8	3	2	9	5	1	6	4
9	2	6	1	7	4	5	8	3
1	4	5	8	3	6	7	9	2
5	9	8	4	2	7	6	3	1
3	6	2	9	8	1	4	7	5
4	1	7	5	6	3	9	2	8
2	7	4	3	1	9	8	5	6
6	3	1	7	5	8	2	4	9
8	5	9	6	4	2	3	1	7

Puzzle 88

6	8	5	9	4	2	3	1	7
9	2	1	7	8	3	6	4	5
3	4	7	1	5	6	2	9	8
1	3	9	4	2	5	8	7	6
8	6	4	3	9	7	1	5	2
5	7	2	8	6	1	4	3	9
7	1	6	5	3	8	9	2	4
4	5	8	2	1	9	7	6	3
2	9	3	6	7	4	5	8	1

Puzzle 89

5	7	9	8	3	2	1	6	4
6	3	2	4	7	1	5	8	9
8	4	1	5	9	6	3	7	2
3	1	5	7	6	4	9	2	8
9	6	4	1	2	8	7	5	3
7	2	8	3	5	9	4	1	6
2	9	7	6	4	5	8	3	1
4	8	3	2	1	7	6	9	5
1	5	6	9	8	3	2	4	7

Puzzle 90

5	1	7	4	3	9	6	8	2
3	2	8	1	5	6	9	7	4
4	6	9	2	8	7	5	1	3
2	4	3	5	6	1	7	9	8
9	5	6	7	4	8	3	2	1
8	7	1	9	2	3	4	6	5
6	3	4	8	7	2	1	5	9
1	8	5	6	9	4	2	3	7
7	9	2	3	1	5	8	4	6

Puzzle 91

8	9	7	6	2	5	4	1	3
4	3	5	1	9	7	8	6	2
1	6	2	4	3	8	5	7	9
2	7	9	5	8	6	1	3	4
3	1	4	2	7	9	6	5	8
5	8	6	3	4	1	2	9	7
6	2	8	9	1	3	7	4	5
9	4	1	7	5	2	3	8	6
7	5	3	8	6	4	9	2	1

Puzzle 92

2	5	6	1	4	7	8	3	9
4	1	7	8	3	9	2	6	5
8	9	3	2	6	5	7	4	1
3	8	4	9	7	1	6	5	2
6	7	1	4	5	2	3	9	8
5	2	9	6	8	3	1	7	4
1	6	8	3	9	4	5	2	7
9	3	5	7	2	8	4	1	6
7	4	2	5	1	6	9	8	3

Puzzle 93

7	1	8	2	9	4	3	6	5
5	6	9	1	8	3	4	7	2
2	3	4	6	7	5	1	8	9
9	7	1	8	3	6	5	2	4
6	5	3	4	2	9	8	1	7
4	8	2	7	5	1	6	9	3
1	4	5	9	6	7	2	3	8
8	9	6	3	4	2	7	5	1
3	2	7	5	1	8	9	4	6

Puzzle 94

9	8	6	1	2	3	5	4	7
1	3	5	7	9	4	8	2	6
4	7	2	6	8	5	9	1	3
8	2	1	5	4	7	6	3	9
3	6	9	2	1	8	4	7	5
7	5	4	3	6	9	1	8	2
5	4	7	9	3	1	2	6	8
2	9	8	4	7	6	3	5	1
6	1	3	8	5	2	7	9	4

Puzzle 95

3	1	5	4	7	6	8	9	2
4	8	6	1	2	9	3	7	5
7	2	9	5	3	8	4	6	1
1	6	2	3	5	4	9	8	7
8	7	4	6	9	2	1	5	3
9	5	3	7	8	1	2	4	6
2	4	1	9	6	5	7	3	8
6	3	8	2	4	7	5	1	9
5	9	7	8	1	3	6	2	4

Puzzle 96

6	5	4	3	7	9	2	1	8
9	8	1	2	5	4	3	7	6
3	2	7	8	1	6	9	4	5
1	4	8	6	2	7	5	3	9
7	6	3	1	9	5	8	2	4
2	9	5	4	8	3	7	6	1
8	1	6	9	3	2	4	5	7
4	7	2	5	6	8	1	9	3
5	3	9	7	4	1	6	8	2

Puzzle 97

4	2	8	3	5	7	9	1	6
6	9	7	8	4	1	3	2	5
5	3	1	2	6	9	7	4	8
1	6	2	9	7	4	5	8	3
3	8	9	5	1	2	4	6	7
7	4	5	6	8	3	2	9	1
9	1	4	7	3	8	6	5	2
8	7	6	4	2	5	1	3	9
2	5	3	1	9	6	8	7	4

Puzzle 98

7	6	5	1	8	2	9	4	3
1	9	8	4	3	5	6	7	2
3	4	2	9	7	6	8	5	1
5	3	9	7	6	4	1	2	8
2	8	4	5	9	1	3	6	7
6	1	7	3	2	8	5	9	4
8	7	1	2	5	9	4	3	6
9	2	6	8	4	3	7	1	5
4	5	3	6	1	7	2	8	9

Puzzle 99

8	2	9	4	5	6	1	7	3
4	7	6	1	8	3	5	2	9
3	5	1	7	9	2	8	6	4
2	1	8	9	3	7	6	4	5
5	6	4	2	1	8	9	3	7
7	9	3	5	6	4	2	1	8
9	3	5	6	7	1	4	8	2
6	4	7	8	2	5	3	9	1
1	8	2	3	4	9	7	5	6

Puzzle 100

6	5	1	8	4	7	2	9	3
2	8	7	9	3	5	6	4	1
3	9	4	1	6	2	5	8	7
4	7	9	5	2	8	1	3	6
5	3	6	7	1	4	8	2	9
1	2	8	6	9	3	4	7	5
8	1	5	2	7	9	3	6	4
9	6	3	4	8	1	7	5	2
7	4	2	3	5	6	9	1	8

Puzzle 101

9	3	5	6	8	2	7	1	4
2	1	8	7	5	4	6	9	3
4	7	6	1	3	9	5	8	2
3	8	9	4	6	1	2	7	5
5	4	1	3	2	7	8	6	9
7	6	2	8	9	5	4	3	1
1	9	7	5	4	8	3	2	6
6	2	4	9	7	3	1	5	8
8	5	3	2	1	6	9	4	7

Puzzle 102

9	2	8	1	7	4	3	6	5
1	3	7	5	6	9	8	2	4
6	4	5	3	2	8	9	7	1
2	7	4	9	5	1	6	8	3
8	6	1	4	3	2	5	9	7
3	5	9	7	8	6	4	1	2
4	1	2	8	9	5	7	3	6
7	9	6	2	4	3	1	5	8
5	8	3	6	1	7	2	4	9

Puzzle 103

6	3	5	2	1	7	8	9	4
8	2	1	5	4	9	7	3	6
7	9	4	6	3	8	5	1	2
3	5	8	9	6	4	2	7	1
4	7	9	1	2	5	6	8	3
1	6	2	8	7	3	9	4	5
5	8	6	3	9	1	4	2	7
2	4	3	7	8	6	1	5	9
9	1	7	4	5	2	3	6	8

Puzzle 104

8	3	1	4	6	7	2	5	9
5	2	4	9	8	1	7	6	3
6	9	7	3	5	2	1	4	8
7	1	8	5	2	3	6	9	4
4	5	2	8	9	6	3	7	1
3	6	9	1	7	4	8	2	5
9	8	6	2	3	5	4	1	7
1	7	5	6	4	8	9	3	2
2	4	3	7	1	9	5	8	6

Puzzle 105

2	1	6	4	7	5	8	3	9
3	9	4	2	1	8	5	7	6
7	8	5	6	3	9	1	4	2
6	3	8	7	2	4	9	5	1
9	2	1	5	8	3	4	6	7
4	5	7	1	9	6	3	2	8
8	7	3	9	5	2	6	1	4
1	4	9	3	6	7	2	8	5
5	6	2	8	4	1	7	9	3

Puzzle 106

1	5	8	7	4	6	3	9	2
4	6	3	1	9	2	7	8	5
2	7	9	3	8	5	6	1	4
7	1	4	9	6	3	2	5	8
9	8	2	4	5	7	1	6	3
5	3	6	8	2	1	4	7	9
6	2	7	5	3	8	9	4	1
8	4	1	2	7	9	5	3	6
3	9	5	6	1	4	8	2	7

Puzzle 107

9	6	3	4	7	8	1	5	2
8	5	1	9	6	2	3	7	4
4	2	7	3	5	1	8	6	9
2	1	6	5	4	9	7	8	3
5	7	9	2	8	3	6	4	1
3	4	8	6	1	7	2	9	5
7	8	5	1	3	4	9	2	6
6	3	2	7	9	5	4	1	8
1	9	4	8	2	6	5	3	7

Puzzle 108

4	1	6	8	5	7	3	9	2
2	8	5	3	1	9	6	4	7
9	3	7	4	2	6	5	1	8
7	9	3	6	8	5	4	2	1
5	4	2	1	7	3	9	8	6
8	6	1	2	9	4	7	5	3
1	7	9	5	3	8	2	6	4
6	5	8	7	4	2	1	3	9
3	2	4	9	6	1	8	7	5

Puzzle 109

5	1	6	7	3	2	9	8	4
4	2	9	1	8	6	3	7	5
8	7	3	4	9	5	1	2	6
1	8	5	3	2	4	7	6	9
7	9	2	6	1	8	5	4	3
3	6	4	9	5	7	8	1	2
6	3	1	2	7	9	4	5	8
2	5	7	8	4	3	6	9	1
9	4	8	5	6	1	2	3	7

Puzzle 110

1	6	2	8	3	4	5	9	7
4	3	8	7	9	5	2	6	1
7	9	5	2	1	6	4	3	8
6	5	4	1	8	2	9	7	3
9	7	1	4	5	3	6	8	2
8	2	3	9	6	7	1	4	5
2	8	6	5	7	9	3	1	4
3	4	7	6	2	1	8	5	9
5	1	9	3	4	8	7	2	6

Puzzle 111

7	6	8	3	9	1	2	4	5
1	5	2	8	6	4	3	9	7
4	9	3	7	5	2	1	8	6
6	8	1	2	7	9	4	5	3
3	7	9	5	4	8	6	2	1
5	2	4	6	1	3	9	7	8
9	4	6	1	8	7	5	3	2
2	1	7	9	3	5	8	6	4
8	3	5	4	2	6	7	1	9

Puzzle 112

8	6	9	5	2	7	3	4	1
3	5	4	9	1	8	7	6	2
1	7	2	4	3	6	8	9	5
4	9	5	3	8	1	2	7	6
2	3	7	6	4	9	5	1	8
6	1	8	7	5	2	4	3	9
5	8	6	1	7	4	9	2	3
7	2	1	8	9	3	6	5	4
9	4	3	2	6	5	1	8	7

Puzzle 113

1	6	3	5	8	2	7	9	4
5	2	4	1	9	7	3	6	8
9	7	8	4	3	6	2	5	1
4	5	2	6	7	8	1	3	9
7	8	1	3	5	9	6	4	2
6	3	9	2	1	4	8	7	5
2	4	5	8	6	3	9	1	7
3	1	7	9	2	5	4	8	6
8	9	6	7	4	1	5	2	3

Puzzle 114

7	1	5	2	8	6	3	9	4
8	2	4	3	9	5	6	7	1
9	3	6	7	1	4	5	2	8
2	4	9	5	7	8	1	6	3
5	8	7	1	6	3	2	4	9
1	6	3	4	2	9	7	8	5
4	7	2	8	5	1	9	3	6
6	5	8	9	3	2	4	1	7
3	9	1	6	4	7	8	5	2

Puzzle 115

3	2	9	8	5	7	4	6	1
6	8	4	3	2	1	5	9	7
1	7	5	9	6	4	8	3	2
4	1	8	2	7	9	3	5	6
2	3	6	4	8	5	1	7	9
9	5	7	6	1	3	2	4	8
7	4	1	5	9	8	6	2	3
8	6	3	7	4	2	9	1	5
5	9	2	1	3	6	7	8	4

Puzzle 116

3	4	7	5	8	1	6	9	2
2	1	5	6	4	9	7	3	8
9	8	6	7	2	3	5	1	4
4	6	9	3	1	7	2	8	5
5	3	2	9	6	8	1	4	7
8	7	1	4	5	2	3	6	9
6	5	8	1	7	4	9	2	3
7	2	3	8	9	6	4	5	1
1	9	4	2	3	5	8	7	6

Puzzle 117

6	2	3	7	5	4	8	1	9
4	5	9	6	1	8	7	3	2
7	8	1	2	3	9	6	5	4
2	9	6	1	7	5	4	8	3
8	1	5	4	2	3	9	6	7
3	7	4	8	9	6	5	2	1
9	6	8	3	4	1	2	7	5
1	4	7	5	8	2	3	9	6
5	3	2	9	6	7	1	4	8

Puzzle 118

7	6	5	4	9	2	8	1	3
2	3	1	7	8	5	4	6	9
8	9	4	1	3	6	2	5	7
4	8	3	2	1	9	5	7	6
1	2	9	6	5	7	3	8	4
6	5	7	8	4	3	1	9	2
5	1	2	9	6	4	7	3	8
9	4	8	3	7	1	6	2	5
3	7	6	5	2	8	9	4	1

Puzzle 119

2	5	1	4	3	7	8	6	9
3	8	6	2	5	9	7	1	4
4	7	9	8	6	1	3	2	5
5	4	2	6	9	8	1	7	3
7	6	8	1	4	3	5	9	2
9	1	3	7	2	5	6	4	8
1	3	4	9	8	6	2	5	7
8	2	7	5	1	4	9	3	6
6	9	5	3	7	2	4	8	1

Puzzle 120

5	7	2	8	6	1	9	4	3
1	3	6	7	9	4	5	2	8
4	9	8	2	3	5	6	1	7
8	6	9	3	7	2	1	5	4
2	5	3	1	4	8	7	6	9
7	4	1	9	5	6	3	8	2
6	1	7	4	8	9	2	3	5
9	2	4	5	1	3	8	7	6
3	8	5	6	2	7	4	9	1

Puzzle 121

3	6	8	1	7	9	5	4	2
4	1	2	6	8	5	7	3	9
7	5	9	2	3	4	1	6	8
6	2	3	8	1	7	4	9	5
1	4	7	9	5	3	2	8	6
9	8	5	4	6	2	3	1	7
2	7	4	3	9	8	6	5	1
5	9	1	7	4	6	8	2	3
8	3	6	5	2	1	9	7	4

Puzzle 122

6	1	7	2	4	3	5	9	8
2	3	9	7	5	8	1	4	6
5	4	8	1	9	6	2	7	3
7	2	6	5	3	9	8	1	4
8	9	4	6	7	1	3	2	5
3	5	1	4	8	2	7	6	9
4	7	2	3	6	5	9	8	1
1	8	5	9	2	4	6	3	7
9	6	3	8	1	7	4	5	2

Puzzle 123

4	8	1	2	6	9	7	3	5
3	2	7	1	4	5	6	8	9
6	9	5	7	3	8	4	2	1
7	4	8	6	9	1	3	5	2
2	6	9	5	8	3	1	7	4
5	1	3	4	7	2	8	9	6
9	3	6	8	5	4	2	1	7
8	7	2	9	1	6	5	4	3
1	5	4	3	2	7	9	6	8

Puzzle 124

2	3	6	4	8	1	9	7	5
9	4	8	7	6	5	3	2	1
1	7	5	9	2	3	6	8	4
6	1	9	8	3	2	4	5	7
8	2	4	6	5	7	1	9	3
3	5	7	1	9	4	8	6	2
5	6	3	2	1	9	7	4	8
4	9	2	3	7	8	5	1	6
7	8	1	5	4	6	2	3	9

Puzzle 125

4	2	7	8	6	9	3	1	5
9	6	8	1	5	3	7	2	4
5	1	3	7	4	2	9	8	6
6	3	1	5	7	8	4	9	2
7	8	5	2	9	4	1	6	3
2	9	4	3	1	6	5	7	8
3	5	9	6	8	1	2	4	7
1	7	6	4	2	5	8	3	9
8	4	2	9	3	7	6	5	1

Puzzle 126

9	5	2	3	6	1	7	8	4
1	6	4	5	7	8	3	9	2
7	8	3	9	4	2	1	5	6
2	1	8	6	9	3	4	7	5
4	9	7	2	8	5	6	3	1
5	3	6	4	1	7	9	2	8
8	4	5	7	3	6	2	1	9
3	2	9	1	5	4	8	6	7
6	7	1	8	2	9	5	4	3

Puzzle 127

9	7	3	8	1	6	4	2	5
1	2	4	9	5	7	3	6	8
8	5	6	3	2	4	9	7	1
2	4	7	5	6	3	8	1	9
3	1	5	7	8	9	6	4	2
6	9	8	2	4	1	5	3	7
4	3	9	1	7	8	2	5	6
7	8	2	6	3	5	1	9	4
5	6	1	4	9	2	7	8	3

Puzzle 128

4	8	7	6	3	1	5	9	2
5	9	1	2	4	8	7	3	6
2	3	6	5	9	7	4	1	8
7	5	9	8	1	2	3	6	4
3	1	8	4	6	5	9	2	7
6	2	4	9	7	3	1	8	5
8	7	3	1	2	4	6	5	9
9	4	5	3	8	6	2	7	1
1	6	2	7	5	9	8	4	3

Puzzle 129

9	6	7	1	5	4	8	3	2
1	4	3	8	6	2	5	7	9
8	2	5	7	3	9	4	6	1
6	8	4	9	2	5	3	1	7
5	3	1	4	7	6	9	2	8
2	7	9	3	8	1	6	4	5
7	1	6	5	9	3	2	8	4
3	9	8	2	4	7	1	5	6
4	5	2	6	1	8	7	9	3

Puzzle 130

4	2	6	5	1	3	9	7	8
5	8	7	2	4	9	3	6	1
3	1	9	7	6	8	4	2	5
7	6	8	9	3	5	1	4	2
1	4	2	6	8	7	5	3	9
9	5	3	4	2	1	6	8	7
2	7	5	3	9	6	8	1	4
6	9	1	8	7	4	2	5	3
8	3	4	1	5	2	7	9	6

Puzzle 131

2	5	4	3	8	9	1	6	7
8	7	6	1	5	4	9	3	2
3	1	9	6	2	7	5	8	4
5	4	2	7	3	1	8	9	6
7	8	3	9	6	5	2	4	1
6	9	1	2	4	8	7	5	3
1	3	5	4	9	2	6	7	8
9	6	7	8	1	3	4	2	5
4	2	8	5	7	6	3	1	9

Puzzle 132

9	7	8	4	2	1	6	5	3
2	6	1	9	5	3	4	7	8
5	4	3	7	6	8	9	2	1
8	9	4	5	3	6	7	1	2
7	5	2	8	1	9	3	6	4
3	1	6	2	4	7	8	9	5
4	8	7	1	9	2	5	3	6
6	2	5	3	7	4	1	8	9
1	3	9	6	8	5	2	4	7

Puzzle 133

5	1	4	6	9	3	8	2	7
3	7	6	1	2	8	5	9	4
2	8	9	5	7	4	6	3	1
8	5	7	4	6	2	3	1	9
1	9	3	8	5	7	2	4	6
4	6	2	3	1	9	7	8	5
6	2	1	9	3	5	4	7	8
9	3	8	7	4	6	1	5	2
7	4	5	2	8	1	9	6	3

Puzzle 134

7	9	2	5	3	6	1	4	8
5	1	8	4	7	2	6	9	3
6	3	4	8	9	1	7	2	5
1	4	5	3	8	9	2	7	6
9	2	7	6	1	5	8	3	4
3	8	6	2	4	7	9	5	1
8	5	9	7	6	3	4	1	2
2	6	1	9	5	4	3	8	7
4	7	3	1	2	8	5	6	9

Puzzle 135

3	8	9	6	5	7	4	1	2
1	6	2	9	3	4	8	5	7
5	4	7	2	1	8	9	3	6
2	5	1	3	7	9	6	8	4
7	3	8	4	6	1	5	2	9
4	9	6	5	8	2	1	7	3
6	7	3	1	9	5	2	4	8
8	2	5	7	4	6	3	9	1
9	1	4	8	2	3	7	6	5

Puzzle 136

4	3	9	2	1	8	5	6	7
6	8	7	4	3	5	1	2	9
1	5	2	9	7	6	3	8	4
3	4	1	8	5	2	7	9	6
5	9	6	3	4	7	8	1	2
7	2	8	1	6	9	4	3	5
8	7	3	6	2	4	9	5	1
2	1	4	5	9	3	6	7	8
9	6	5	7	8	1	2	4	3

Puzzle 137

5	8	7	9	2	1	4	3	6
4	9	1	3	6	8	5	7	2
6	2	3	7	4	5	1	9	8
7	4	2	8	3	9	6	5	1
8	1	5	6	7	2	9	4	3
3	6	9	5	1	4	8	2	7
1	5	4	2	8	7	3	6	9
2	3	8	4	9	6	7	1	5
9	7	6	1	5	3	2	8	4

Puzzle 138

8	9	3	4	7	1	5	2	6
7	1	5	6	3	2	9	8	4
6	2	4	9	5	8	3	1	7
1	4	6	2	9	7	8	5	3
2	3	9	5	8	4	7	6	1
5	7	8	1	6	3	4	9	2
3	8	1	7	2	5	6	4	9
9	5	2	3	4	6	1	7	8
4	6	7	8	1	9	2	3	5

Puzzle 139

9	6	1	2	3	7	4	8	5
5	7	3	6	4	8	9	1	2
8	2	4	9	1	5	3	7	6
6	8	7	3	5	9	2	4	1
2	4	9	1	7	6	8	5	3
1	3	5	8	2	4	7	6	9
4	5	6	7	9	3	1	2	8
3	1	8	4	6	2	5	9	7
7	9	2	5	8	1	6	3	4

Puzzle 140

6	4	2	1	7	9	8	3	5
9	7	1	3	5	8	2	4	6
8	3	5	4	2	6	7	1	9
7	2	6	8	9	4	1	5	3
3	8	9	7	1	5	6	2	4
5	1	4	2	6	3	9	7	8
1	9	8	5	4	2	3	6	7
4	6	7	9	3	1	5	8	2
2	5	3	6	8	7	4	9	1

Puzzle 141

2	9	5	4	1	8	7	6	3
4	3	7	9	2	6	8	1	5
6	1	8	3	7	5	9	4	2
1	8	2	6	4	3	5	7	9
3	4	9	8	5	7	6	2	1
7	5	6	2	9	1	4	3	8
9	7	3	1	8	4	2	5	6
8	6	4	5	3	2	1	9	7
5	2	1	7	6	9	3	8	4

Puzzle 142

9	7	8	3	4	5	6	1	2
4	2	6	8	9	1	7	3	5
1	5	3	6	7	2	8	4	9
3	8	7	1	5	4	9	2	6
6	1	2	9	8	3	5	7	4
5	9	4	7	2	6	1	8	3
8	4	5	2	1	9	3	6	7
7	3	9	4	6	8	2	5	1
2	6	1	5	3	7	4	9	8

Puzzle 143

8	5	7	1	6	3	4	9	2
4	1	6	2	7	9	8	3	5
9	2	3	8	4	5	7	1	6
3	4	2	6	9	8	1	5	7
7	8	1	4	5	2	9	6	3
6	9	5	3	1	7	2	4	8
2	7	9	5	3	4	6	8	1
5	6	8	9	2	1	3	7	4
1	3	4	7	8	6	5	2	9

Puzzle 144

7	2	3	6	4	5	8	1	9
9	4	6	2	1	8	3	5	7
8	5	1	7	9	3	6	2	4
1	8	7	4	2	6	9	3	5
6	3	5	8	7	9	1	4	2
4	9	2	5	3	1	7	6	8
5	6	9	3	8	2	4	7	1
2	7	8	1	6	4	5	9	3
3	1	4	9	5	7	2	8	6

Puzzle 145

3	4	1	8	6	2	5	7	9
8	9	2	1	7	5	6	3	4
5	6	7	9	3	4	1	8	2
9	5	8	3	4	1	2	6	7
2	3	4	6	8	7	9	5	1
1	7	6	5	2	9	8	4	3
6	8	9	7	1	3	4	2	5
7	2	5	4	9	6	3	1	8
4	1	3	2	5	8	7	9	6

Puzzle 146

6	1	7	3	9	2	8	5	4
5	8	2	7	6	4	1	3	9
9	4	3	5	1	8	6	7	2
3	6	9	4	8	7	5	2	1
2	5	1	6	3	9	4	8	7
8	7	4	1	2	5	3	9	6
4	2	8	9	5	1	7	6	3
1	3	5	2	7	6	9	4	8
7	9	6	8	4	3	2	1	5

Puzzle 147

6	1	3	4	9	7	8	5	2
7	4	2	3	5	8	1	6	9
5	9	8	1	2	6	4	7	3
4	5	7	8	1	2	3	9	6
1	2	9	7	6	3	5	4	8
3	8	6	5	4	9	2	1	7
2	3	5	9	7	1	6	8	4
8	7	1	6	3	4	9	2	5
9	6	4	2	8	5	7	3	1

Puzzle 148

7	2	8	3	4	6	5	9	1
3	4	9	8	5	1	7	2	6
6	1	5	2	9	7	3	8	4
1	3	4	7	6	9	8	5	2
2	8	6	4	3	5	1	7	9
5	9	7	1	8	2	4	6	3
8	7	1	6	2	3	9	4	5
4	5	2	9	1	8	6	3	7
9	6	3	5	7	4	2	1	8

Puzzle 149

2	3	9	6	8	5	1	4	7
8	7	5	3	1	4	2	9	6
1	6	4	7	9	2	5	3	8
3	2	6	4	5	9	8	7	1
9	8	1	2	6	7	3	5	4
4	5	7	1	3	8	9	6	2
6	1	2	5	7	3	4	8	9
5	4	8	9	2	6	7	1	3
7	9	3	8	4	1	6	2	5

Puzzle 150

8	9	3	4	2	6	7	5	1
4	7	6	8	5	1	3	9	2
2	1	5	3	7	9	6	4	8
9	8	7	2	3	4	1	6	5
5	4	1	7	6	8	9	2	3
6	3	2	1	9	5	8	7	4
1	5	8	6	4	7	2	3	9
3	6	4	9	1	2	5	8	7
7	2	9	5	8	3	4	1	6

Puzzle 151

8	1	7	5	3	2	4	9	6
3	6	9	4	1	7	8	5	2
2	5	4	6	8	9	7	1	3
1	2	6	8	4	5	9	3	7
7	9	8	2	6	3	5	4	1
5	4	3	7	9	1	6	2	8
9	7	1	3	5	6	2	8	4
4	3	2	9	7	8	1	6	5
6	8	5	1	2	4	3	7	9

Puzzle 152

7	1	2	5	3	9	4	6	8
5	3	4	7	8	6	9	1	2
8	6	9	1	2	4	7	5	3
2	9	8	3	4	1	5	7	6
4	5	6	8	7	2	1	3	9
1	7	3	9	6	5	2	8	4
3	8	5	2	9	7	6	4	1
6	2	1	4	5	8	3	9	7
9	4	7	6	1	3	8	2	5

Puzzle 153

1	4	8	6	2	7	5	3	9
9	6	5	1	8	3	4	7	2
3	2	7	4	9	5	6	8	1
5	1	6	7	3	2	8	9	4
8	7	3	5	4	9	2	1	6
4	9	2	8	6	1	7	5	3
7	3	4	9	5	6	1	2	8
2	8	1	3	7	4	9	6	5
6	5	9	2	1	8	3	4	7

Puzzle 154

2	6	5	3	8	4	7	1	9
3	9	1	6	5	7	2	8	4
4	7	8	1	2	9	3	6	5
1	3	4	5	6	2	8	9	7
7	5	9	8	4	3	1	2	6
6	8	2	9	7	1	4	5	3
5	2	6	7	3	8	9	4	1
9	4	3	2	1	6	5	7	8
8	1	7	4	9	5	6	3	2

Puzzle 155

1	5	2	4	3	8	9	7	6
4	6	8	7	2	9	3	5	1
9	3	7	6	5	1	8	2	4
2	9	4	5	1	6	7	3	8
5	7	3	9	8	4	1	6	2
8	1	6	3	7	2	5	4	9
7	8	1	2	4	3	6	9	5
3	4	9	8	6	5	2	1	7
6	2	5	1	9	7	4	8	3

Puzzle 156

5	6	3	9	1	2	8	7	4
4	2	8	6	5	7	3	1	9
7	1	9	8	3	4	2	5	6
2	8	1	4	6	5	9	3	7
9	7	4	1	8	3	6	2	5
6	3	5	7	2	9	4	8	1
3	9	6	5	7	8	1	4	2
8	4	7	2	9	1	5	6	3
1	5	2	3	4	6	7	9	8

Puzzle 157

9	8	1	7	4	5	3	2	6
4	3	7	8	2	6	9	5	1
6	5	2	9	1	3	4	7	8
1	2	8	3	7	9	6	4	5
3	9	4	6	5	1	7	8	2
5	7	6	2	8	4	1	3	9
7	4	5	1	6	2	8	9	3
8	6	9	5	3	7	2	1	4
2	1	3	4	9	8	5	6	7

Puzzle 158

4	7	3	1	2	5	6	9	8
5	6	9	3	4	8	7	2	1
8	2	1	7	9	6	3	5	4
7	3	2	6	8	4	9	1	5
6	8	4	5	1	9	2	7	3
9	1	5	2	7	3	8	4	6
3	9	8	4	5	2	1	6	7
1	4	6	9	3	7	5	8	2
2	5	7	8	6	1	4	3	9

Puzzle 159

5	1	6	7	8	2	9	3	4
9	3	4	6	1	5	2	8	7
8	2	7	9	4	3	1	6	5
6	9	8	3	5	1	7	4	2
1	5	3	2	7	4	6	9	8
7	4	2	8	9	6	5	1	3
4	6	1	5	3	7	8	2	9
3	7	9	1	2	8	4	5	6
2	8	5	4	6	9	3	7	1

Puzzle 160

8	5	4	1	3	7	6	9	2
2	6	7	8	9	5	3	4	1
3	9	1	6	2	4	7	5	8
4	8	6	2	1	9	5	3	7
9	2	3	5	7	6	1	8	4
1	7	5	4	8	3	9	2	6
6	1	2	3	5	8	4	7	9
5	4	9	7	6	2	8	1	3
7	3	8	9	4	1	2	6	5

Puzzle 161

8	4	9	3	6	5	2	1	7
6	7	2	4	9	1	5	8	3
5	3	1	7	8	2	9	6	4
4	8	5	1	3	6	7	2	9
7	2	6	5	4	9	8	3	1
9	1	3	8	2	7	6	4	5
2	6	4	9	7	3	1	5	8
1	9	8	2	5	4	3	7	6
3	5	7	6	1	8	4	9	2

Puzzle 162

3	1	4	2	6	9	7	5	8
8	5	7	4	1	3	6	2	9
2	9	6	5	8	7	4	3	1
5	8	3	1	7	6	9	4	2
4	2	1	3	9	5	8	7	6
6	7	9	8	4	2	3	1	5
1	6	8	7	5	4	2	9	3
9	4	2	6	3	1	5	8	7
7	3	5	9	2	8	1	6	4

Puzzle 163

4	9	6	5	2	8	1	3	7
7	8	5	9	3	1	4	6	2
1	3	2	6	7	4	9	5	8
6	7	8	4	5	2	3	1	9
9	5	1	3	8	6	7	2	4
3	2	4	7	1	9	5	8	6
5	6	7	8	4	3	2	9	1
8	1	3	2	9	7	6	4	5
2	4	9	1	6	5	8	7	3

Puzzle 164

3	6	8	4	5	7	9	1	2
4	1	9	6	8	2	3	7	5
2	7	5	3	9	1	4	6	8
9	3	1	5	2	8	6	4	7
5	2	6	7	3	4	8	9	1
8	4	7	9	1	6	2	5	3
6	8	3	1	7	9	5	2	4
1	5	4	2	6	3	7	8	9
7	9	2	8	4	5	1	3	6

Puzzle 165

9	5	3	4	8	6	1	2	7
2	1	4	3	9	7	8	6	5
8	7	6	1	2	5	9	4	3
5	6	9	2	7	4	3	1	8
3	4	7	5	1	8	2	9	6
1	2	8	9	6	3	7	5	4
4	8	2	6	3	1	5	7	9
7	9	5	8	4	2	6	3	1
6	3	1	7	5	9	4	8	2

Puzzle 166

4	7	3	5	6	2	8	1	9
2	9	5	8	7	1	4	3	6
6	1	8	3	9	4	7	5	2
1	4	2	9	3	5	6	7	8
5	8	9	6	4	7	3	2	1
3	6	7	2	1	8	5	9	4
7	3	4	1	8	9	2	6	5
9	2	6	4	5	3	1	8	7
8	5	1	7	2	6	9	4	3

Puzzle 167

6	3	2	5	7	8	4	1	9
4	7	5	6	9	1	2	8	3
9	8	1	2	3	4	7	6	5
7	4	8	1	6	5	9	3	2
3	1	9	7	8	2	5	4	6
2	5	6	3	4	9	8	7	1
1	6	4	9	2	7	3	5	8
5	9	7	8	1	3	6	2	4
8	2	3	4	5	6	1	9	7

Puzzle 168

8	9	2	1	6	4	5	7	3
7	5	4	9	8	3	2	6	1
1	6	3	2	7	5	8	9	4
4	3	1	8	5	6	7	2	9
6	7	9	3	4	2	1	8	5
2	8	5	7	1	9	3	4	6
9	2	6	5	3	7	4	1	8
3	1	7	4	9	8	6	5	2
5	4	8	6	2	1	9	3	7

Puzzle 169

1	8	3	2	4	5	9	7	6
7	5	9	6	1	8	4	2	3
2	4	6	9	3	7	1	8	5
8	9	2	3	5	6	7	1	4
4	7	5	8	9	1	6	3	2
3	6	1	4	7	2	8	5	9
5	3	8	1	6	4	2	9	7
6	1	7	5	2	9	3	4	8
9	2	4	7	8	3	5	6	1

Puzzle 170

2	5	1	3	6	8	7	4	9
6	8	9	4	1	7	2	3	5
3	4	7	9	2	5	8	6	1
1	7	2	5	8	3	6	9	4
4	9	5	2	7	6	3	1	8
8	6	3	1	9	4	5	7	2
5	3	6	8	4	1	9	2	7
7	2	4	6	5	9	1	8	3
9	1	8	7	3	2	4	5	6

Puzzle 171

8	5	1	4	7	3	2	6	9
6	3	7	5	9	2	4	1	8
2	9	4	1	8	6	3	7	5
7	6	3	8	5	9	1	2	4
1	4	5	2	3	7	9	8	6
9	8	2	6	4	1	7	5	3
3	2	9	7	6	5	8	4	1
5	1	8	3	2	4	6	9	7
4	7	6	9	1	8	5	3	2

Puzzle 172

2	5	4	9	6	8	7	3	1
1	9	3	4	7	5	8	6	2
6	7	8	3	1	2	9	5	4
5	2	7	1	8	4	3	9	6
4	8	1	6	9	3	2	7	5
3	6	9	2	5	7	1	4	8
9	1	5	7	2	6	4	8	3
7	4	6	8	3	1	5	2	9
8	3	2	5	4	9	6	1	7

Puzzle 173

6	4	2	1	9	5	3	7	8
8	9	1	6	7	3	2	4	5
7	3	5	8	2	4	9	6	1
9	1	3	7	5	6	4	8	2
2	8	6	4	3	9	5	1	7
4	5	7	2	8	1	6	9	3
1	7	9	5	6	2	8	3	4
3	2	8	9	4	7	1	5	6
5	6	4	3	1	8	7	2	9

Puzzle 174

2	4	5	3	6	7	1	9	8
1	6	7	5	9	8	4	3	2
8	9	3	1	2	4	7	6	5
3	5	4	9	1	6	2	8	7
6	7	1	2	8	3	5	4	9
9	2	8	4	7	5	3	1	6
4	8	6	7	5	1	9	2	3
7	3	2	6	4	9	8	5	1
5	1	9	8	3	2	6	7	4

Puzzle 175

9	1	7	8	6	3	4	2	5
3	8	5	9	2	4	7	1	6
4	6	2	5	1	7	8	9	3
6	3	1	4	7	5	2	8	9
8	7	4	6	9	2	3	5	1
2	5	9	1	3	8	6	4	7
7	2	8	3	5	9	1	6	4
1	9	3	2	4	6	5	7	8
5	4	6	7	8	1	9	3	2

Puzzle 176

7	3	8	5	9	1	4	6	2
4	1	5	6	3	2	7	9	8
9	6	2	4	7	8	1	3	5
8	5	1	9	2	7	3	4	6
2	9	7	3	4	6	8	5	1
6	4	3	1	8	5	9	2	7
1	8	4	2	6	3	5	7	9
3	7	6	8	5	9	2	1	4
5	2	9	7	1	4	6	8	3

Puzzle 177

6	2	5	3	8	4	9	7	1
9	8	4	7	2	1	6	3	5
3	1	7	9	6	5	4	2	8
5	3	8	1	9	6	7	4	2
1	4	6	5	7	2	8	9	3
2	7	9	4	3	8	5	1	6
8	5	1	2	4	7	3	6	9
7	6	3	8	1	9	2	5	4
4	9	2	6	5	3	1	8	7

Puzzle 178

4	2	6	7	5	3	1	8	9
5	3	7	9	1	8	6	2	4
8	9	1	6	4	2	3	7	5
7	5	9	1	6	4	8	3	2
1	6	2	8	3	9	4	5	7
3	8	4	5	2	7	9	6	1
6	4	5	3	7	1	2	9	8
9	1	3	2	8	5	7	4	6
2	7	8	4	9	6	5	1	3

Puzzle 179

6	4	8	1	5	2	7	3	9
7	5	3	4	6	9	8	1	2
2	1	9	8	3	7	5	4	6
9	3	2	7	4	6	1	8	5
8	7	1	2	9	5	4	6	3
5	6	4	3	1	8	9	2	7
4	2	7	9	8	3	6	5	1
3	8	5	6	7	1	2	9	4
1	9	6	5	2	4	3	7	8

Puzzle 180

6	9	4	8	5	3	7	1	2
2	7	8	6	1	9	3	5	4
3	1	5	4	2	7	6	9	8
8	6	9	7	4	5	2	3	1
7	3	1	9	8	2	4	6	5
5	4	2	1	3	6	9	8	7
1	8	7	3	6	4	5	2	9
4	5	6	2	9	8	1	7	3
9	2	3	5	7	1	8	4	6

Puzzle 181

1	6	9	5	3	8	7	4	2
8	7	3	1	2	4	9	6	5
5	4	2	7	9	6	8	1	3
2	5	6	3	7	9	1	8	4
4	8	7	6	5	1	2	3	9
9	3	1	8	4	2	5	7	6
6	2	5	4	1	7	3	9	8
3	1	4	9	8	5	6	2	7
7	9	8	2	6	3	4	5	1

Puzzle 182

5	4	3	2	8	7	9	6	1
1	8	9	6	5	4	3	2	7
6	2	7	9	1	3	4	8	5
9	5	1	7	4	2	6	3	8
8	7	4	1	3	6	2	5	9
2	3	6	8	9	5	7	1	4
3	6	8	4	7	1	5	9	2
7	9	5	3	2	8	1	4	6
4	1	2	5	6	9	8	7	3

Puzzle 183

3	1	9	6	4	8	2	7	5
8	4	5	3	7	2	6	9	1
6	7	2	5	9	1	8	4	3
5	3	4	8	6	9	7	1	2
2	9	8	7	1	3	5	6	4
7	6	1	2	5	4	9	3	8
1	8	7	9	3	5	4	2	6
9	5	3	4	2	6	1	8	7
4	2	6	1	8	7	3	5	9

Puzzle 184

3	4	1	8	6	9	5	2	7
7	8	6	4	5	2	3	9	1
9	5	2	1	3	7	4	8	6
6	1	8	3	2	5	7	4	9
4	9	5	6	7	8	1	3	2
2	3	7	9	1	4	6	5	8
8	2	3	7	4	6	9	1	5
5	6	4	2	9	1	8	7	3
1	7	9	5	8	3	2	6	4

Puzzle 185

8	7	1	6	4	2	3	5	9
5	6	3	9	8	7	2	1	4
2	4	9	5	3	1	6	8	7
6	5	7	3	2	4	8	9	1
3	2	8	1	9	5	7	4	6
9	1	4	8	7	6	5	2	3
1	9	6	7	5	8	4	3	2
4	3	5	2	6	9	1	7	8
7	8	2	4	1	3	9	6	5

Puzzle 186

2	8	5	3	1	6	9	4	7
4	7	9	8	2	5	3	1	6
6	3	1	7	9	4	2	5	8
5	4	3	6	8	9	1	7	2
9	6	2	1	7	3	5	8	4
7	1	8	4	5	2	6	9	3
8	5	6	2	4	1	7	3	9
1	2	7	9	3	8	4	6	5
3	9	4	5	6	7	8	2	1

Puzzle 187

1	9	2	3	5	7	4	6	8
7	3	8	2	6	4	9	5	1
6	5	4	9	1	8	3	7	2
8	1	6	4	9	5	7	2	3
9	2	3	6	7	1	8	4	5
4	7	5	8	3	2	1	9	6
5	8	9	7	2	3	6	1	4
3	6	1	5	4	9	2	8	7
2	4	7	1	8	6	5	3	9

Puzzle 188

7	6	3	9	8	4	5	1	2
8	2	1	6	7	5	9	4	3
5	9	4	1	2	3	8	6	7
3	7	6	2	5	9	4	8	1
1	4	8	3	6	7	2	9	5
9	5	2	8	4	1	7	3	6
6	3	7	5	9	8	1	2	4
2	8	5	4	1	6	3	7	9
4	1	9	7	3	2	6	5	8

Puzzle 189

2	7	9	4	6	1	5	3	8
6	1	8	2	5	3	7	9	4
5	3	4	7	9	8	2	6	1
7	9	3	5	4	6	1	8	2
4	5	6	1	8	2	3	7	9
1	8	2	3	7	9	6	4	5
3	6	1	8	2	4	9	5	7
8	2	7	9	3	5	4	1	6
9	4	5	6	1	7	8	2	3

Puzzle 190

3	9	6	2	5	8	1	7	4
7	2	1	4	6	3	8	5	9
5	8	4	7	9	1	2	6	3
4	1	3	9	7	2	6	8	5
2	7	5	8	3	6	9	4	1
9	6	8	1	4	5	3	2	7
1	3	7	6	2	4	5	9	8
8	4	2	5	1	9	7	3	6
6	5	9	3	8	7	4	1	2

Puzzle 191

7	4	5	2	3	6	8	9	1
2	1	9	5	7	8	3	6	4
8	3	6	9	4	1	5	2	7
9	7	2	1	6	3	4	8	5
6	8	1	4	9	5	7	3	2
3	5	4	7	8	2	6	1	9
1	2	8	6	5	7	9	4	3
4	6	7	3	1	9	2	5	8
5	9	3	8	2	4	1	7	6

Puzzle 192

7	5	6	4	2	3	1	8	9
8	2	1	5	9	6	7	3	4
4	9	3	1	8	7	2	5	6
1	6	8	2	7	4	3	9	5
2	4	9	6	3	5	8	1	7
5	3	7	9	1	8	6	4	2
9	8	5	7	6	1	4	2	3
3	7	2	8	4	9	5	6	1
6	1	4	3	5	2	9	7	8

Puzzle 193

8	4	6	7	3	9	2	1	5
2	5	7	8	1	4	3	6	9
9	1	3	2	5	6	8	7	4
7	2	1	9	6	3	4	5	8
4	8	9	1	2	5	6	3	7
3	6	5	4	8	7	9	2	1
6	3	4	5	9	1	7	8	2
5	9	8	6	7	2	1	4	3
1	7	2	3	4	8	5	9	6

Puzzle 194

6	3	5	9	8	7	1	2	4
4	1	9	2	3	5	6	7	8
7	8	2	6	1	4	3	5	9
3	2	8	5	7	1	4	9	6
1	6	7	4	2	9	8	3	5
9	5	4	8	6	3	7	1	2
2	9	3	1	4	6	5	8	7
8	4	1	7	5	2	9	6	3
5	7	6	3	9	8	2	4	1

Puzzle 195

5	7	2	6	3	9	8	4	1
1	8	4	5	7	2	9	6	3
9	3	6	1	8	4	7	2	5
3	5	7	9	6	8	4	1	2
2	6	1	7	4	3	5	8	9
8	4	9	2	5	1	6	3	7
7	9	3	4	1	6	2	5	8
4	2	8	3	9	5	1	7	6
6	1	5	8	2	7	3	9	4

Puzzle 196

5	4	3	2	1	7	8	9	6
2	1	9	3	6	8	7	5	4
6	8	7	9	5	4	1	2	3
9	6	1	5	4	3	2	7	8
4	3	5	8	7	2	6	1	9
7	2	8	6	9	1	3	4	5
8	5	6	1	2	9	4	3	7
1	9	4	7	3	6	5	8	2
3	7	2	4	8	5	9	6	1

Puzzle 197

5	2	4	6	7	8	3	1	9
6	9	1	3	5	4	8	7	2
7	8	3	2	9	1	5	6	4
4	6	9	1	3	7	2	8	5
2	7	8	9	4	5	1	3	6
3	1	5	8	2	6	9	4	7
1	3	2	7	6	9	4	5	8
8	4	7	5	1	2	6	9	3
9	5	6	4	8	3	7	2	1

Puzzle 198

1	3	4	8	6	2	7	5	9
8	7	5	3	1	9	4	6	2
9	6	2	5	7	4	8	1	3
4	8	9	7	3	6	1	2	5
3	2	7	4	5	1	9	8	6
6	5	1	2	9	8	3	4	7
5	1	8	9	2	7	6	3	4
7	4	3	6	8	5	2	9	1
2	9	6	1	4	3	5	7	8

Puzzle 199

2	6	3	8	1	7	5	4	9
7	4	9	3	5	2	6	8	1
1	5	8	4	6	9	3	7	2
3	8	2	1	7	6	4	9	5
9	7	4	5	3	8	2	1	6
5	1	6	9	2	4	8	3	7
8	9	5	2	4	1	7	6	3
6	3	1	7	8	5	9	2	4
4	2	7	6	9	3	1	5	8

Puzzle 200

1	2	6	9	3	7	8	5	4
7	9	5	1	4	8	2	6	3
4	3	8	2	5	6	1	9	7
3	8	7	6	2	1	9	4	5
6	1	2	4	9	5	3	7	8
9	5	4	8	7	3	6	1	2
5	4	1	3	6	2	7	8	9
2	6	9	7	8	4	5	3	1
8	7	3	5	1	9	4	2	6

Puzzle 201

3	9	6	8	5	7	2	4	1
5	7	4	9	2	1	6	8	3
1	2	8	3	6	4	7	9	5
4	1	5	2	3	8	9	7	6
2	8	7	6	1	9	5	3	4
9	6	3	7	4	5	8	1	2
8	4	2	5	9	3	1	6	7
6	3	9	1	7	2	4	5	8
7	5	1	4	8	6	3	2	9

Puzzle 202

9	5	6	7	3	2	8	4	1
2	7	1	8	6	4	5	9	3
3	4	8	5	9	1	7	6	2
7	2	5	4	1	3	9	8	6
1	6	4	9	5	8	3	2	7
8	9	3	6	2	7	4	1	5
5	1	2	3	8	9	6	7	4
4	3	9	2	7	6	1	5	8
6	8	7	1	4	5	2	3	9

Puzzle 203

5	2	8	6	9	1	3	4	7
4	3	6	7	8	2	9	5	1
1	7	9	4	5	3	2	6	8
8	1	5	2	3	4	7	9	6
3	6	4	1	7	9	8	2	5
2	9	7	8	6	5	1	3	4
6	8	3	5	2	7	4	1	9
9	5	1	3	4	8	6	7	2
7	4	2	9	1	6	5	8	3

Puzzle 204

1	2	7	9	8	3	5	4	6
5	3	4	2	6	7	9	8	1
9	6	8	1	5	4	2	7	3
2	5	6	3	1	8	4	9	7
8	1	3	7	4	9	6	2	5
4	7	9	5	2	6	1	3	8
6	4	1	8	3	2	7	5	9
3	9	2	6	7	5	8	1	4
7	8	5	4	9	1	3	6	2

Puzzle 205

9	5	3	4	8	2	6	7	1
4	6	7	1	9	5	2	3	8
2	8	1	7	3	6	4	9	5
5	1	4	6	7	9	3	8	2
6	2	9	3	5	8	7	1	4
3	7	8	2	4	1	9	5	6
7	4	6	5	1	3	8	2	9
1	9	2	8	6	7	5	4	3
8	3	5	9	2	4	1	6	7

Puzzle 206

1	7	3	2	8	9	4	5	6
2	6	4	7	5	1	3	8	9
9	8	5	4	6	3	2	1	7
8	9	1	6	2	4	5	7	3
7	5	2	1	3	8	9	6	4
4	3	6	9	7	5	8	2	1
3	1	8	5	4	7	6	9	2
5	2	7	3	9	6	1	4	8
6	4	9	8	1	2	7	3	5

Puzzle 207

1	2	4	5	7	6	8	3	9
7	6	5	9	8	3	4	2	1
8	3	9	1	2	4	5	6	7
3	4	6	8	9	5	1	7	2
5	1	8	2	6	7	3	9	4
2	9	7	3	4	1	6	5	8
4	5	2	6	1	9	7	8	3
9	7	3	4	5	8	2	1	6
6	8	1	7	3	2	9	4	5

Puzzle 208

3	1	6	4	7	9	5	2	8
9	2	5	6	1	8	4	3	7
8	4	7	2	5	3	1	9	6
2	8	3	1	9	5	7	6	4
5	7	9	3	6	4	2	8	1
1	6	4	7	8	2	3	5	9
6	5	1	9	3	7	8	4	2
4	9	8	5	2	1	6	7	3
7	3	2	8	4	6	9	1	5

Puzzle 209

4	6	2	1	7	8	3	9	5
3	8	1	5	6	9	4	7	2
9	5	7	4	3	2	8	1	6
2	4	3	7	9	6	5	8	1
6	7	5	8	2	1	9	4	3
1	9	8	3	4	5	2	6	7
8	2	9	6	5	7	1	3	4
5	3	6	9	1	4	7	2	8
7	1	4	2	8	3	6	5	9

Puzzle 210

2	9	4	8	3	7	5	6	1
8	5	3	4	1	6	7	2	9
1	7	6	9	2	5	4	8	3
7	3	5	1	9	8	6	4	2
4	6	2	7	5	3	1	9	8
9	8	1	6	4	2	3	5	7
3	4	7	2	6	9	8	1	5
5	1	9	3	8	4	2	7	6
6	2	8	5	7	1	9	3	4

Puzzle 211

1	5	9	2	6	3	7	8	4
7	2	3	5	4	8	1	9	6
4	8	6	1	9	7	3	2	5
9	1	2	6	5	4	8	3	7
6	7	5	8	3	2	4	1	9
8	3	4	7	1	9	5	6	2
3	4	8	9	2	5	6	7	1
2	6	7	4	8	1	9	5	3
5	9	1	3	7	6	2	4	8

Puzzle 212

9	5	2	4	3	8	6	1	7
7	3	1	2	6	9	5	8	4
6	8	4	1	7	5	9	3	2
4	9	5	7	2	3	8	6	1
2	1	3	5	8	6	7	4	9
8	6	7	9	4	1	3	2	5
5	4	8	3	1	7	2	9	6
1	7	6	8	9	2	4	5	3
3	2	9	6	5	4	1	7	8

Puzzle 213

4	7	3	8	9	5	1	6	2
2	1	9	7	4	6	5	8	3
5	6	8	1	3	2	9	7	4
6	2	7	5	1	9	3	4	8
3	9	1	4	2	8	7	5	6
8	5	4	3	6	7	2	1	9
1	4	5	2	8	3	6	9	7
9	8	2	6	7	1	4	3	5
7	3	6	9	5	4	8	2	1

Puzzle 214

1	2	4	9	6	8	3	7	5
9	8	3	5	1	7	4	2	6
7	6	5	4	2	3	9	1	8
5	3	7	8	4	1	6	9	2
6	1	9	7	3	2	8	5	4
2	4	8	6	5	9	7	3	1
8	7	2	1	9	6	5	4	3
3	5	6	2	7	4	1	8	9
4	9	1	3	8	5	2	6	7

Puzzle 215

6	9	1	7	5	3	4	8	2
7	4	3	2	1	8	6	5	9
5	2	8	6	4	9	3	1	7
2	5	9	8	6	1	7	3	4
4	8	7	5	3	2	1	9	6
1	3	6	4	9	7	5	2	8
8	6	5	3	2	4	9	7	1
9	7	4	1	8	5	2	6	3
3	1	2	9	7	6	8	4	5

Puzzle 216

7	6	9	3	1	2	8	5	4
2	4	3	8	6	5	7	1	9
5	1	8	7	9	4	2	6	3
6	9	1	4	3	7	5	8	2
3	2	7	1	5	8	4	9	6
8	5	4	9	2	6	3	7	1
4	8	6	2	7	1	9	3	5
1	3	2	5	8	9	6	4	7
9	7	5	6	4	3	1	2	8

Puzzle 217

9	1	2	8	4	7	5	6	3
5	6	8	3	1	2	9	4	7
3	7	4	9	5	6	2	8	1
6	5	7	2	8	4	1	3	9
8	3	9	7	6	1	4	2	5
4	2	1	5	9	3	8	7	6
2	9	5	6	3	8	7	1	4
7	4	3	1	2	5	6	9	8
1	8	6	4	7	9	3	5	2

Puzzle 218

6	2	8	1	9	7	3	5	4
7	5	3	6	4	8	2	1	9
1	9	4	2	5	3	6	8	7
2	4	9	8	3	1	5	7	6
8	6	5	7	2	4	1	9	3
3	7	1	9	6	5	8	4	2
9	3	7	5	1	2	4	6	8
5	8	2	4	7	6	9	3	1
4	1	6	3	8	9	7	2	5

Puzzle 219

6	4	8	2	3	5	9	1	7
3	2	1	9	7	4	5	8	6
5	9	7	6	8	1	4	3	2
8	3	6	7	9	2	1	4	5
1	7	4	8	5	3	2	6	9
2	5	9	1	4	6	8	7	3
7	1	5	3	2	8	6	9	4
4	8	3	5	6	9	7	2	1
9	6	2	4	1	7	3	5	8

Puzzle 220

9	7	4	8	5	1	3	6	2
8	2	3	4	7	6	1	9	5
5	6	1	3	2	9	4	7	8
3	8	9	2	6	7	5	4	1
7	4	5	1	3	8	9	2	6
6	1	2	5	9	4	7	8	3
4	9	8	6	1	5	2	3	7
2	5	6	7	4	3	8	1	9
1	3	7	9	8	2	6	5	4

Puzzle 221

3	1	6	5	8	7	2	4	9
2	7	4	9	1	6	5	8	3
8	5	9	4	3	2	6	1	7
6	9	8	3	2	5	1	7	4
4	2	7	1	6	8	9	3	5
5	3	1	7	9	4	8	2	6
7	6	2	8	4	9	3	5	1
9	4	3	2	5	1	7	6	8
1	8	5	6	7	3	4	9	2

Puzzle 222

9	1	5	4	7	3	2	6	8
7	6	2	9	5	8	1	3	4
8	4	3	2	6	1	7	9	5
2	9	1	5	3	7	4	8	6
4	7	8	6	2	9	3	5	1
5	3	6	1	8	4	9	7	2
1	8	7	3	4	5	6	2	9
3	2	9	8	1	6	5	4	7
6	5	4	7	9	2	8	1	3

Puzzle 223

7	6	4	5	2	8	3	1	9
3	1	2	6	4	9	8	5	7
9	8	5	3	7	1	2	6	4
8	9	1	7	3	2	6	4	5
2	3	6	9	5	4	1	7	8
4	5	7	8	1	6	9	3	2
5	2	3	1	9	7	4	8	6
6	7	9	4	8	3	5	2	1
1	4	8	2	6	5	7	9	3

Puzzle 224

8	3	9	1	7	6	5	4	2
4	6	2	3	8	5	1	7	9
7	5	1	9	4	2	6	8	3
2	8	3	5	9	4	7	6	1
5	4	6	2	1	7	9	3	8
9	1	7	8	6	3	4	2	5
6	9	5	4	3	8	2	1	7
3	2	4	7	5	1	8	9	6
1	7	8	6	2	9	3	5	4

Puzzle 225

1	4	2	7	9	6	3	5	8
7	5	9	3	8	2	4	1	6
3	6	8	4	1	5	9	7	2
6	3	7	1	2	9	8	4	5
8	9	4	6	5	7	1	2	3
2	1	5	8	3	4	6	9	7
9	8	3	5	7	1	2	6	4
5	2	6	9	4	8	7	3	1
4	7	1	2	6	3	5	8	9

Puzzle 226

3	7	2	1	5	9	4	8	6
5	6	4	7	8	3	1	9	2
8	1	9	6	4	2	3	7	5
2	9	5	4	7	8	6	1	3
6	3	1	9	2	5	8	4	7
4	8	7	3	6	1	5	2	9
9	5	6	8	1	7	2	3	4
1	4	3	2	9	6	7	5	8
7	2	8	5	3	4	9	6	1

Puzzle 227

5	1	9	6	7	2	8	4	3
8	2	6	9	3	4	1	5	7
7	4	3	8	5	1	2	9	6
6	5	8	2	9	3	4	7	1
4	9	2	1	6	7	3	8	5
3	7	1	4	8	5	6	2	9
1	8	5	3	2	9	7	6	4
9	6	4	7	1	8	5	3	2
2	3	7	5	4	6	9	1	8

Puzzle 228

7	6	9	3	8	4	1	2	5
5	2	8	6	1	9	4	3	7
1	4	3	7	5	2	6	8	9
6	9	2	4	7	8	3	5	1
8	1	4	9	3	5	7	6	2
3	7	5	1	2	6	9	4	8
2	3	7	8	4	1	5	9	6
4	5	6	2	9	7	8	1	3
9	8	1	5	6	3	2	7	4

Puzzle 229

1	9	4	7	3	8	6	5	2
5	8	3	1	2	6	9	7	4
2	7	6	5	4	9	3	1	8
3	1	9	2	8	7	5	4	6
7	5	2	3	6	4	8	9	1
4	6	8	9	1	5	2	3	7
6	4	7	8	9	3	1	2	5
9	2	5	6	7	1	4	8	3
8	3	1	4	5	2	7	6	9

Puzzle 230

5	4	6	8	9	1	7	3	2
3	1	9	6	7	2	4	5	8
8	2	7	5	3	4	9	1	6
6	5	1	4	8	7	3	2	9
9	7	8	3	2	6	1	4	5
4	3	2	9	1	5	6	8	7
1	9	4	7	5	8	2	6	3
2	8	3	1	6	9	5	7	4
7	6	5	2	4	3	8	9	1

Puzzle 231

1	3	4	2	8	9	5	7	6
8	6	9	7	3	5	1	4	2
7	5	2	6	4	1	3	9	8
5	8	7	4	6	3	9	2	1
2	4	1	5	9	7	6	8	3
6	9	3	8	1	2	7	5	4
9	2	8	3	7	6	4	1	5
3	1	5	9	2	4	8	6	7
4	7	6	1	5	8	2	3	9

Puzzle 232

8	3	7	9	1	6	5	4	2
4	1	6	5	3	2	8	9	7
5	9	2	4	8	7	1	3	6
2	4	1	6	5	9	3	7	8
7	8	3	2	4	1	9	6	5
6	5	9	8	7	3	4	2	1
9	7	5	1	2	4	6	8	3
1	2	4	3	6	8	7	5	9
3	6	8	7	9	5	2	1	4

Puzzle 233

6	9	4	8	1	2	5	3	7
1	3	2	4	5	7	9	8	6
8	7	5	6	9	3	1	4	2
5	8	3	1	7	6	4	2	9
9	4	1	3	2	5	7	6	8
2	6	7	9	4	8	3	1	5
3	5	8	7	6	1	2	9	4
7	1	9	2	8	4	6	5	3
4	2	6	5	3	9	8	7	1

Puzzle 234

2	7	6	8	9	3	1	4	5
8	9	1	5	2	4	3	7	6
5	4	3	1	7	6	9	8	2
3	5	4	9	8	7	2	6	1
1	8	2	4	6	5	7	9	3
7	6	9	3	1	2	8	5	4
9	1	5	6	3	8	4	2	7
4	3	7	2	5	9	6	1	8
6	2	8	7	4	1	5	3	9

Puzzle 235

4	5	6	7	9	2	3	8	1
2	7	3	4	1	8	5	9	6
8	1	9	5	6	3	2	4	7
5	6	8	1	4	9	7	3	2
3	9	2	6	8	7	4	1	5
7	4	1	2	3	5	8	6	9
6	3	5	9	2	4	1	7	8
9	2	4	8	7	1	6	5	3
1	8	7	3	5	6	9	2	4

Puzzle 236

8	4	9	6	1	3	5	7	2
3	7	5	4	2	9	1	6	8
2	6	1	8	5	7	9	4	3
9	2	6	3	4	8	7	1	5
1	5	8	2	7	6	4	3	9
7	3	4	5	9	1	2	8	6
6	9	7	1	3	2	8	5	4
5	8	2	7	6	4	3	9	1
4	1	3	9	8	5	6	2	7

Puzzle 237

5	6	8	9	1	3	7	2	4
4	3	1	8	2	7	9	6	5
7	9	2	5	6	4	8	3	1
2	8	6	7	3	5	4	1	9
3	1	4	6	9	8	2	5	7
9	7	5	2	4	1	3	8	6
8	2	7	4	5	6	1	9	3
6	4	3	1	8	9	5	7	2
1	5	9	3	7	2	6	4	8

Puzzle 238

4	8	3	5	7	6	1	9	2
1	5	2	3	8	9	6	4	7
9	7	6	1	4	2	8	5	3
6	3	9	8	5	7	4	2	1
2	4	7	9	3	1	5	6	8
8	1	5	2	6	4	7	3	9
7	6	8	4	2	3	9	1	5
5	2	1	6	9	8	3	7	4
3	9	4	7	1	5	2	8	6

Puzzle 239

2	7	9	1	4	3	8	5	6
5	8	3	6	2	9	4	7	1
6	1	4	8	5	7	3	2	9
7	2	1	9	8	4	5	6	3
3	5	6	2	7	1	9	4	8
9	4	8	3	6	5	2	1	7
8	6	7	4	9	2	1	3	5
1	9	2	5	3	6	7	8	4
4	3	5	7	1	8	6	9	2

Puzzle 240

4	1	2	5	9	6	7	3	8
7	8	9	2	1	3	6	5	4
6	3	5	7	4	8	9	1	2
8	9	3	1	2	7	4	6	5
2	5	6	3	8	4	1	9	7
1	7	4	6	5	9	2	8	3
9	2	8	4	3	1	5	7	6
5	6	1	8	7	2	3	4	9
3	4	7	9	6	5	8	2	1

Puzzle 241

7 2 4	3 8 1	5 6 9
6 9 3	4 5 7	1 8 2
5 8 1	6 9 2	7 4 3
1 4 5	7 2 6	9 3 8
2 6 9	8 3 5	4 7 1
8 3 7	9 1 4	6 2 5
9 1 6	2 4 3	8 5 7
4 5 2	1 7 8	3 9 6
3 7 8	5 6 9	2 1 4

Puzzle 242

2 3 9	5 4 7	6 8 1
1 6 8	9 3 2	4 5 7
7 4 5	1 8 6	9 3 2
4 5 1	7 9 8	3 2 6
9 8 7	2 6 3	1 4 5
6 2 3	4 1 5	7 9 8
8 7 4	3 2 1	5 6 9
3 1 6	8 5 9	2 7 4
5 9 2	6 7 4	8 1 3

Puzzle 243

9 5 2	1 6 3	4 7 8
7 3 6	8 9 4	2 1 5
8 1 4	5 2 7	3 6 9
4 9 1	3 5 8	7 2 6
5 2 7	4 1 6	8 9 3
3 6 8	9 7 2	1 5 4
6 8 9	7 4 1	5 3 2
1 4 5	2 3 9	6 8 7
2 7 3	6 8 5	9 4 1

Puzzle 244

9 5 8	4 1 6	3 7 2
6 4 1	7 2 3	9 8 5
7 3 2	9 8 5	6 1 4
8 6 4	3 7 1	2 5 9
5 9 7	2 4 8	1 3 6
1 2 3	6 5 9	8 4 7
3 1 6	5 9 4	7 2 8
4 7 9	8 3 2	5 6 1
2 8 5	1 6 7	4 9 3

Puzzle 245

1	6	2	4	5	3	8	9	7
8	7	5	9	1	6	3	2	4
3	4	9	2	7	8	6	1	5
2	5	7	6	9	1	4	3	8
9	1	3	7	8	4	5	6	2
4	8	6	3	2	5	1	7	9
6	9	8	1	4	2	7	5	3
7	3	4	5	6	9	2	8	1
5	2	1	8	3	7	9	4	6

Puzzle 246

6	9	2	5	4	8	1	7	3
5	4	1	2	7	3	8	9	6
3	7	8	9	6	1	2	4	5
4	1	3	8	5	7	9	6	2
2	6	5	3	1	9	7	8	4
9	8	7	4	2	6	5	3	1
7	2	9	6	3	5	4	1	8
8	5	6	1	9	4	3	2	7
1	3	4	7	8	2	6	5	9

Puzzle 247

1	2	3	7	9	4	8	5	6
8	9	5	3	1	6	2	4	7
4	6	7	5	2	8	3	9	1
3	5	4	8	6	2	1	7	9
2	1	9	4	3	7	6	8	5
6	7	8	9	5	1	4	3	2
9	3	1	6	4	5	7	2	8
7	4	2	1	8	9	5	6	3
5	8	6	2	7	3	9	1	4

Puzzle 248

4	5	2	7	9	1	3	8	6
6	3	8	5	4	2	9	1	7
9	7	1	6	3	8	4	2	5
7	1	6	8	2	4	5	9	3
8	2	4	3	5	9	7	6	1
5	9	3	1	7	6	2	4	8
1	4	7	2	6	3	8	5	9
3	6	9	4	8	5	1	7	2
2	8	5	9	1	7	6	3	4

Puzzle 249

2	8	6	4	3	7	9	1	5
1	3	7	5	9	2	8	6	4
9	5	4	8	1	6	2	3	7
7	6	8	1	2	3	5	4	9
4	1	5	7	8	9	3	2	6
3	2	9	6	5	4	7	8	1
5	4	1	3	7	8	6	9	2
6	9	3	2	4	5	1	7	8
8	7	2	9	6	1	4	5	3

Puzzle 250

2	4	1	5	3	9	6	8	7
6	5	7	8	4	2	3	9	1
3	8	9	6	1	7	2	5	4
5	7	3	1	8	4	9	2	6
8	2	4	9	6	3	7	1	5
1	9	6	7	2	5	8	4	3
4	3	8	2	5	6	1	7	9
7	1	5	3	9	8	4	6	2
9	6	2	4	7	1	5	3	8

Puzzle 251

8	4	1	3	6	9	2	5	7
6	5	2	7	4	1	8	3	9
3	7	9	8	5	2	6	1	4
1	3	8	6	2	7	4	9	5
4	9	6	1	8	5	7	2	3
5	2	7	9	3	4	1	6	8
9	1	4	2	7	3	5	8	6
2	8	5	4	9	6	3	7	1
7	6	3	5	1	8	9	4	2

Puzzle 252

6	9	3	8	4	7	1	2	5
2	4	1	5	6	9	8	7	3
8	7	5	2	3	1	9	6	4
5	8	2	6	9	3	7	4	1
3	6	7	1	2	4	5	8	9
9	1	4	7	5	8	2	3	6
7	3	6	9	8	5	4	1	2
1	2	9	4	7	6	3	5	8
4	5	8	3	1	2	6	9	7

Puzzle 253

9	6	5	2	1	4	3	7	8
8	4	7	5	6	3	1	9	2
1	3	2	8	9	7	5	4	6
5	8	9	3	4	1	6	2	7
7	1	3	9	2	6	4	8	5
6	2	4	7	8	5	9	3	1
2	9	1	4	5	8	7	6	3
4	7	6	1	3	2	8	5	9
3	5	8	6	7	9	2	1	4

Puzzle 254

4	2	6	1	5	9	7	3	8
3	1	7	6	4	8	5	2	9
9	8	5	2	7	3	1	4	6
5	3	9	4	8	1	2	6	7
6	4	8	7	2	5	9	1	3
2	7	1	9	3	6	4	8	5
1	6	2	3	9	7	8	5	4
7	5	3	8	1	4	6	9	2
8	9	4	5	6	2	3	7	1

Puzzle 255

8	9	2	6	3	1	7	5	4
5	3	7	2	4	9	6	1	8
4	6	1	5	7	8	2	3	9
9	5	6	3	2	4	8	7	1
1	7	3	8	9	5	4	2	6
2	4	8	1	6	7	3	9	5
6	1	5	7	8	2	9	4	3
3	2	9	4	1	6	5	8	7
7	8	4	9	5	3	1	6	2

Puzzle 256

2	9	7	3	6	8	1	4	5
1	4	5	2	7	9	3	8	6
8	3	6	1	5	4	2	9	7
9	6	8	7	3	5	4	2	1
5	2	4	9	1	6	8	7	3
7	1	3	8	4	2	6	5	9
4	5	1	6	2	7	9	3	8
3	7	9	4	8	1	5	6	2
6	8	2	5	9	3	7	1	4

Puzzle 257

1	9	3	2	4	5	7	8	6
8	6	2	3	1	7	5	9	4
4	5	7	6	9	8	1	3	2
3	8	4	5	2	1	6	7	9
9	7	5	8	6	3	4	2	1
2	1	6	4	7	9	3	5	8
5	3	1	9	8	6	2	4	7
6	2	8	7	3	4	9	1	5
7	4	9	1	5	2	8	6	3

Puzzle 258

2	1	7	9	4	3	5	8	6
4	8	6	2	1	5	7	3	9
5	3	9	8	6	7	2	1	4
8	7	1	6	5	9	4	2	3
3	9	2	4	8	1	6	5	7
6	5	4	3	7	2	8	9	1
9	2	8	7	3	6	1	4	5
1	6	3	5	2	4	9	7	8
7	4	5	1	9	8	3	6	2

Puzzle 259

5	9	3	2	4	6	1	7	8
7	4	6	3	8	1	2	9	5
8	2	1	9	7	5	4	6	3
9	7	5	6	3	4	8	1	2
2	3	4	7	1	8	9	5	6
1	6	8	5	9	2	7	3	4
6	5	9	4	2	7	3	8	1
3	8	2	1	5	9	6	4	7
4	1	7	8	6	3	5	2	9

Puzzle 260

8	6	5	1	2	4	9	7	3
3	7	2	6	5	9	1	8	4
4	9	1	8	3	7	5	6	2
5	1	7	4	8	6	2	3	9
9	3	6	7	1	2	4	5	8
2	8	4	3	9	5	6	1	7
6	2	9	5	7	8	3	4	1
1	4	8	9	6	3	7	2	5
7	5	3	2	4	1	8	9	6

Puzzle 261

1	8	5	2	7	4	3	9	6
7	3	9	6	1	8	2	5	4
2	4	6	9	5	3	7	8	1
8	1	3	5	2	6	4	7	9
6	2	7	1	4	9	5	3	8
9	5	4	3	8	7	1	6	2
4	6	8	7	3	2	9	1	5
5	7	2	8	9	1	6	4	3
3	9	1	4	6	5	8	2	7

Puzzle 262

2	5	6	9	7	1	4	8	3
4	8	1	6	2	3	9	7	5
7	3	9	8	4	5	1	6	2
3	4	7	5	9	6	8	2	1
1	6	8	4	3	2	7	5	9
9	2	5	1	8	7	6	3	4
8	7	3	2	1	4	5	9	6
5	9	4	3	6	8	2	1	7
6	1	2	7	5	9	3	4	8

Puzzle 263

5	6	4	3	1	9	7	2	8
2	3	9	7	5	8	4	6	1
8	1	7	2	6	4	9	5	3
3	4	8	6	7	5	1	9	2
6	2	5	9	3	1	8	7	4
9	7	1	8	4	2	5	3	6
4	5	2	1	9	3	6	8	7
7	9	3	4	8	6	2	1	5
1	8	6	5	2	7	3	4	9

Puzzle 264

6	7	9	8	2	4	1	3	5
3	4	8	1	5	6	9	2	7
2	5	1	9	3	7	4	8	6
4	3	7	6	9	5	2	1	8
1	2	5	4	7	8	3	6	9
9	8	6	2	1	3	5	7	4
5	6	4	3	8	1	7	9	2
7	9	3	5	6	2	8	4	1
8	1	2	7	4	9	6	5	3

Puzzle 265

6	2	4	9	1	8	5	7	3
7	3	1	6	2	5	9	8	4
8	9	5	3	4	7	2	6	1
5	7	8	1	6	4	3	2	9
2	1	6	5	9	3	7	4	8
9	4	3	7	8	2	1	5	6
1	6	7	8	5	9	4	3	2
4	5	9	2	3	6	8	1	7
3	8	2	4	7	1	6	9	5

Puzzle 266

9	4	8	3	7	6	5	2	1
1	6	7	9	2	5	3	4	8
2	5	3	8	4	1	9	6	7
5	9	4	1	6	3	7	8	2
3	7	2	4	9	8	6	1	5
8	1	6	2	5	7	4	3	9
4	2	1	5	3	9	8	7	6
7	8	9	6	1	4	2	5	3
6	3	5	7	8	2	1	9	4

Puzzle 267

6	5	4	9	8	7	3	2	1
9	3	7	6	1	2	8	4	5
2	8	1	4	3	5	6	7	9
4	9	3	8	5	6	7	1	2
5	6	8	2	7	1	4	9	3
7	1	2	3	9	4	5	8	6
3	7	9	5	2	8	1	6	4
1	2	6	7	4	3	9	5	8
8	4	5	1	6	9	2	3	7

Puzzle 268

5	6	3	8	7	2	4	9	1
7	1	9	5	4	3	6	2	8
4	2	8	6	9	1	3	5	7
3	8	6	2	1	7	5	4	9
1	5	4	3	8	9	7	6	2
9	7	2	4	5	6	8	1	3
2	4	5	1	3	8	9	7	6
6	3	7	9	2	4	1	8	5
8	9	1	7	6	5	2	3	4

Puzzle 269

6	1	9	3	2	4	8	7	5
5	4	7	8	6	9	2	3	1
8	3	2	1	5	7	6	9	4
4	9	1	5	3	2	7	8	6
2	7	6	4	9	8	1	5	3
3	5	8	7	1	6	4	2	9
1	6	3	2	7	5	9	4	8
9	2	4	6	8	3	5	1	7
7	8	5	9	4	1	3	6	2

Puzzle 270

3	2	9	8	1	6	5	7	4
7	1	4	5	2	9	6	8	3
6	8	5	4	7	3	9	1	2
1	5	6	7	4	2	3	9	8
4	7	2	9	3	8	1	6	5
9	3	8	6	5	1	4	2	7
2	6	7	3	9	4	8	5	1
5	9	3	1	8	7	2	4	6
8	4	1	2	6	5	7	3	9

Puzzle 271

8	3	6	5	7	4	9	2	1
4	7	2	1	3	9	5	8	6
9	5	1	2	6	8	4	3	7
6	1	7	8	9	3	2	5	4
3	8	5	6	4	2	1	7	9
2	4	9	7	1	5	3	6	8
7	6	3	4	2	1	8	9	5
1	2	8	9	5	6	7	4	3
5	9	4	3	8	7	6	1	2

Puzzle 272

1	3	2	7	8	6	9	4	5
8	9	7	3	4	5	2	1	6
5	6	4	2	9	1	3	8	7
2	5	8	6	7	4	1	9	3
7	4	3	9	1	2	5	6	8
6	1	9	5	3	8	7	2	4
4	8	5	1	2	3	6	7	9
3	7	1	8	6	9	4	5	2
9	2	6	4	5	7	8	3	1

Puzzle 273

1	4	5	7	6	3	8	2	9
7	6	9	2	4	8	3	1	5
2	8	3	5	9	1	7	6	4
8	5	6	9	2	4	1	7	3
9	7	1	8	3	5	2	4	6
4	3	2	6	1	7	5	9	8
6	9	8	3	7	2	4	5	1
5	1	7	4	8	9	6	3	2
3	2	4	1	5	6	9	8	7

Puzzle 274

2	8	7	6	3	9	5	4	1
6	4	1	2	7	5	9	3	8
3	9	5	4	1	8	2	6	7
5	2	3	9	6	1	8	7	4
4	6	8	3	2	7	1	9	5
7	1	9	8	5	4	3	2	6
1	7	4	5	9	3	6	8	2
9	5	6	7	8	2	4	1	3
8	3	2	1	4	6	7	5	9

Puzzle 275

8	7	1	4	6	2	3	9	5
3	2	6	8	9	5	1	7	4
5	4	9	7	3	1	8	2	6
4	6	2	3	5	7	9	8	1
1	5	8	6	2	9	4	3	7
9	3	7	1	4	8	6	5	2
2	9	4	5	1	3	7	6	8
7	1	5	9	8	6	2	4	3
6	8	3	2	7	4	5	1	9

Puzzle 276

3	1	4	9	7	5	6	8	2
9	7	2	4	6	8	5	3	1
8	5	6	1	3	2	4	7	9
2	4	8	6	9	7	3	1	5
5	3	9	8	4	1	2	6	7
1	6	7	2	5	3	8	9	4
4	2	3	7	8	9	1	5	6
7	8	1	5	2	6	9	4	3
6	9	5	3	1	4	7	2	8

Puzzle 277

7	5	4	6	2	1	3	9	8
6	2	3	7	9	8	5	4	1
8	9	1	4	5	3	7	2	6
4	8	9	3	6	2	1	7	5
1	3	5	8	7	4	2	6	9
2	6	7	9	1	5	4	8	3
3	4	2	5	8	6	9	1	7
9	1	6	2	3	7	8	5	4
5	7	8	1	4	9	6	3	2

Puzzle 278

5	1	6	8	7	3	2	4	9
4	3	7	6	9	2	1	5	8
8	2	9	5	1	4	6	7	3
3	7	4	1	2	9	5	8	6
6	8	1	4	3	5	9	2	7
9	5	2	7	6	8	3	1	4
2	4	8	3	5	6	7	9	1
1	6	5	9	8	7	4	3	2
7	9	3	2	4	1	8	6	5

Puzzle 279

8	1	5	9	4	7	6	2	3
2	6	3	8	5	1	9	4	7
4	9	7	6	3	2	5	8	1
1	3	6	7	2	5	4	9	8
5	7	4	1	8	9	3	6	2
9	8	2	3	6	4	1	7	5
3	4	8	2	1	6	7	5	9
7	5	1	4	9	8	2	3	6
6	2	9	5	7	3	8	1	4

Puzzle 280

8	3	2	6	5	1	4	9	7
5	6	7	3	9	4	2	8	1
4	9	1	2	7	8	6	3	5
7	4	3	8	2	6	1	5	9
6	8	5	7	1	9	3	4	2
1	2	9	5	4	3	7	6	8
2	7	6	4	8	5	9	1	3
3	1	8	9	6	2	5	7	4
9	5	4	1	3	7	8	2	6

Puzzle 281

3	6	9	8	2	7	4	5	1
8	7	2	5	4	1	6	9	3
4	5	1	6	3	9	2	7	8
2	9	5	1	8	3	7	6	4
6	8	7	9	5	4	3	1	2
1	3	4	2	7	6	9	8	5
9	2	6	3	1	8	5	4	7
5	4	8	7	9	2	1	3	6
7	1	3	4	6	5	8	2	9

Puzzle 282

2	4	7	3	9	8	5	1	6
6	9	8	5	1	4	2	3	7
5	1	3	2	6	7	4	9	8
1	3	2	8	5	6	7	4	9
4	6	9	7	3	1	8	5	2
8	7	5	9	4	2	1	6	3
9	2	4	6	7	5	3	8	1
7	5	6	1	8	3	9	2	4
3	8	1	4	2	9	6	7	5

Puzzle 283

3	7	9	4	5	8	6	2	1
2	8	1	6	9	3	4	5	7
4	6	5	1	7	2	8	3	9
1	2	3	8	4	9	5	7	6
7	5	6	2	3	1	9	8	4
9	4	8	5	6	7	3	1	2
8	9	7	3	2	6	1	4	5
6	1	4	7	8	5	2	9	3
5	3	2	9	1	4	7	6	8

Puzzle 284

5	1	8	4	7	6	3	9	2
6	3	7	5	2	9	1	8	4
9	2	4	1	8	3	5	7	6
8	9	5	6	1	7	4	2	3
3	4	6	9	5	2	8	1	7
2	7	1	3	4	8	6	5	9
1	8	9	2	3	4	7	6	5
4	5	2	7	6	1	9	3	8
7	6	3	8	9	5	2	4	1

Puzzle 285

8	6	1	4	3	5	9	2	7
7	9	4	6	8	2	5	3	1
2	5	3	9	1	7	6	8	4
3	2	8	1	4	6	7	9	5
5	4	9	2	7	8	1	6	3
6	1	7	3	5	9	8	4	2
9	3	6	5	2	1	4	7	8
1	8	2	7	6	4	3	5	9
4	7	5	8	9	3	2	1	6

Puzzle 286

5	7	2	6	8	3	9	1	4
6	4	9	2	7	1	5	8	3
3	8	1	5	9	4	7	6	2
8	2	5	7	4	9	6	3	1
1	6	3	8	2	5	4	7	9
4	9	7	3	1	6	8	2	5
7	5	4	1	6	2	3	9	8
9	1	6	4	3	8	2	5	7
2	3	8	9	5	7	1	4	6

Puzzle 287

4	7	8	5	3	2	9	6	1
6	5	3	4	9	1	7	8	2
1	2	9	8	7	6	3	4	5
5	8	4	3	6	7	2	1	9
3	9	6	2	1	8	4	5	7
2	1	7	9	5	4	6	3	8
8	4	5	7	2	3	1	9	6
7	3	1	6	8	9	5	2	4
9	6	2	1	4	5	8	7	3

Puzzle 288

2	5	1	3	7	9	6	4	8
8	7	3	4	1	6	2	5	9
6	4	9	5	2	8	1	7	3
5	6	7	2	8	3	4	9	1
1	3	8	9	6	4	5	2	7
9	2	4	1	5	7	3	8	6
7	9	5	6	3	2	8	1	4
4	1	6	8	9	5	7	3	2
3	8	2	7	4	1	9	6	5

Puzzle 289

7	9	5	1	6	2	8	3	4
2	3	4	9	7	8	1	6	5
8	6	1	5	3	4	9	2	7
3	2	7	6	8	9	4	5	1
1	8	9	3	4	5	6	7	2
5	4	6	2	1	7	3	8	9
6	1	2	7	9	3	5	4	8
4	7	3	8	5	1	2	9	6
9	5	8	4	2	6	7	1	3

Puzzle 290

3	8	7	4	9	6	5	2	1
5	1	9	3	2	7	6	4	8
2	4	6	5	8	1	9	7	3
8	3	5	6	4	2	1	9	7
9	7	4	1	3	8	2	5	6
1	6	2	7	5	9	8	3	4
4	2	8	9	1	3	7	6	5
6	9	3	8	7	5	4	1	2
7	5	1	2	6	4	3	8	9

Puzzle 291

6	7	8	2	5	3	1	4	9
2	9	1	7	6	4	5	3	8
3	4	5	8	1	9	2	6	7
8	6	9	3	4	2	7	1	5
1	3	2	6	7	5	8	9	4
4	5	7	1	9	8	3	2	6
5	8	4	9	3	1	6	7	2
7	2	3	4	8	6	9	5	1
9	1	6	5	2	7	4	8	3

Puzzle 292

3	8	7	4	1	9	2	5	6
6	9	1	5	7	2	3	4	8
5	2	4	8	3	6	1	7	9
9	7	5	3	8	1	6	2	4
1	4	2	6	5	7	8	9	3
8	3	6	2	9	4	5	1	7
7	1	8	9	2	3	4	6	5
4	5	9	1	6	8	7	3	2
2	6	3	7	4	5	9	8	1

Puzzle 293

6	3	9	1	8	4	2	7	5
1	8	4	5	2	7	3	6	9
7	5	2	9	3	6	4	1	8
4	6	1	2	9	3	5	8	7
3	9	5	7	1	8	6	4	2
2	7	8	4	6	5	1	9	3
8	1	3	6	5	9	7	2	4
9	2	7	3	4	1	8	5	6
5	4	6	8	7	2	9	3	1

Puzzle 294

6	8	9	4	1	3	2	5	7
7	2	3	8	5	6	4	1	9
5	1	4	2	7	9	8	3	6
9	5	7	3	6	8	1	2	4
1	4	2	7	9	5	3	6	8
8	3	6	1	4	2	9	7	5
4	9	1	6	3	7	5	8	2
3	6	8	5	2	4	7	9	1
2	7	5	9	8	1	6	4	3

Puzzle 295

6	8	2	7	9	5	1	4	3
5	3	7	4	1	6	8	9	2
9	4	1	8	3	2	7	5	6
4	1	3	5	2	7	9	6	8
8	9	5	6	4	1	3	2	7
2	7	6	3	8	9	4	1	5
3	2	4	1	5	8	6	7	9
7	5	8	9	6	4	2	3	1
1	6	9	2	7	3	5	8	4

Puzzle 296

3	4	7	9	1	6	8	2	5
1	8	5	3	4	2	7	9	6
2	6	9	5	8	7	3	1	4
6	3	2	7	9	1	5	4	8
7	1	4	6	5	8	2	3	9
5	9	8	4	2	3	1	6	7
9	5	1	8	3	4	6	7	2
4	7	3	2	6	5	9	8	1
8	2	6	1	7	9	4	5	3

Puzzle 297

9	7	4	5	3	8	6	2	1
6	1	3	7	4	2	9	8	5
8	5	2	9	6	1	7	3	4
5	3	8	4	7	9	2	1	6
1	6	9	3	2	5	4	7	8
4	2	7	1	8	6	5	9	3
2	4	6	8	9	3	1	5	7
3	9	5	6	1	7	8	4	2
7	8	1	2	5	4	3	6	9

Puzzle 298

8	2	6	3	9	1	5	4	7
9	5	3	4	6	7	8	1	2
7	1	4	8	2	5	3	9	6
4	3	7	5	8	9	2	6	1
2	9	8	6	1	4	7	3	5
5	6	1	2	7	3	9	8	4
1	4	5	9	3	2	6	7	8
6	7	9	1	5	8	4	2	3
3	8	2	7	4	6	1	5	9

Puzzle 299

9	7	1	3	5	6	4	8	2
5	3	6	4	2	8	9	7	1
8	2	4	7	9	1	3	5	6
4	8	9	6	3	2	7	1	5
6	5	7	8	1	4	2	9	3
3	1	2	9	7	5	6	4	8
7	4	8	1	6	3	5	2	9
1	6	5	2	4	9	8	3	7
2	9	3	5	8	7	1	6	4

Puzzle 300

7	3	1	2	8	9	5	4	6
2	5	8	3	6	4	7	9	1
6	9	4	1	7	5	8	3	2
4	8	5	9	2	6	1	7	3
1	6	7	8	4	3	9	2	5
3	2	9	7	5	1	4	6	8
8	4	3	6	1	7	2	5	9
5	1	6	4	9	2	3	8	7
9	7	2	5	3	8	6	1	4

Puzzle 301

9	8	7	1	2	4	5	3	6
3	4	5	9	6	7	1	2	8
1	6	2	3	5	8	9	7	4
8	9	6	5	1	3	2	4	7
2	3	1	4	7	9	8	6	5
7	5	4	6	8	2	3	1	9
4	2	3	7	9	5	6	8	1
6	7	9	8	3	1	4	5	2
5	1	8	2	4	6	7	9	3

Puzzle 302

7	5	4	2	1	3	6	8	9
1	2	6	7	8	9	5	4	3
9	3	8	4	6	5	2	7	1
2	9	3	1	4	7	8	5	6
4	8	5	6	9	2	3	1	7
6	7	1	5	3	8	4	9	2
3	1	9	8	2	4	7	6	5
8	6	7	3	5	1	9	2	4
5	4	2	9	7	6	1	3	8

Puzzle 303

1	7	8	5	2	6	4	3	9
2	5	3	9	8	4	1	6	7
6	4	9	1	7	3	2	8	5
8	1	6	2	4	7	5	9	3
4	9	7	6	3	5	8	1	2
5	3	2	8	9	1	6	7	4
3	2	4	7	6	8	9	5	1
9	8	5	3	1	2	7	4	6
7	6	1	4	5	9	3	2	8

Puzzle 304

6	7	3	2	5	1	4	8	9
4	5	8	9	7	6	1	2	3
9	2	1	8	3	4	5	6	7
2	9	7	4	8	5	3	1	6
1	8	5	7	6	3	9	4	2
3	6	4	1	2	9	7	5	8
8	1	2	3	4	7	6	9	5
5	3	9	6	1	2	8	7	4
7	4	6	5	9	8	2	3	1

Puzzle 305

1	4	3	5	6	8	2	7	9
7	6	9	3	2	4	1	5	8
8	5	2	1	9	7	6	4	3
5	2	4	7	1	9	8	3	6
3	9	1	4	8	6	7	2	5
6	8	7	2	3	5	9	1	4
9	7	5	8	4	2	3	6	1
4	3	8	6	7	1	5	9	2
2	1	6	9	5	3	4	8	7

Puzzle 306

4	6	5	8	7	2	9	3	1
7	2	1	4	3	9	8	6	5
9	8	3	5	6	1	4	2	7
8	1	9	3	4	6	7	5	2
2	4	6	9	5	7	1	8	3
5	3	7	1	2	8	6	4	9
3	9	8	2	1	4	5	7	6
1	7	2	6	8	5	3	9	4
6	5	4	7	9	3	2	1	8

Puzzle 307

8	7	6	9	5	4	3	2	1
5	1	4	8	3	2	6	9	7
2	9	3	7	1	6	8	5	4
7	8	1	2	9	3	5	4	6
4	6	5	1	8	7	2	3	9
9	3	2	4	6	5	7	1	8
6	5	9	3	7	1	4	8	2
3	4	8	6	2	9	1	7	5
1	2	7	5	4	8	9	6	3

Puzzle 308

3	4	8	7	2	9	1	5	6
2	6	9	5	1	8	7	3	4
5	7	1	4	3	6	2	9	8
7	5	6	1	4	2	3	8	9
9	2	3	8	6	7	5	4	1
1	8	4	3	9	5	6	7	2
4	3	2	9	5	1	8	6	7
8	1	5	6	7	4	9	2	3
6	9	7	2	8	3	4	1	5

Puzzle 309

2	3	7	6	8	5	9	1	4
5	1	4	9	2	3	6	7	8
6	8	9	4	7	1	2	3	5
8	6	1	3	4	9	7	5	2
3	9	5	7	6	2	8	4	1
4	7	2	5	1	8	3	9	6
9	4	3	2	5	6	1	8	7
1	5	6	8	9	7	4	2	3
7	2	8	1	3	4	5	6	9

Puzzle 310

4	5	2	1	7	9	6	3	8
9	3	1	5	6	8	2	7	4
8	6	7	2	3	4	5	9	1
2	9	8	6	1	3	7	4	5
5	4	6	7	8	2	9	1	3
1	7	3	4	9	5	8	6	2
7	8	5	9	4	1	3	2	6
3	1	9	8	2	6	4	5	7
6	2	4	3	5	7	1	8	9

Puzzle 311

2	8	6	3	5	9	1	4	7
3	9	4	7	1	2	8	5	6
7	5	1	6	8	4	9	2	3
4	3	2	5	6	8	7	9	1
8	7	5	9	3	1	4	6	2
6	1	9	4	2	7	5	3	8
9	2	8	1	4	3	6	7	5
1	6	7	2	9	5	3	8	4
5	4	3	8	7	6	2	1	9

Puzzle 312

1	7	6	2	9	8	3	4	5
8	5	2	6	3	4	1	7	9
9	4	3	1	5	7	2	8	6
6	1	9	3	8	5	7	2	4
3	8	7	9	4	2	6	5	1
5	2	4	7	1	6	8	9	3
4	9	1	8	7	3	5	6	2
2	3	8	5	6	9	4	1	7
7	6	5	4	2	1	9	3	8

Puzzle 313

4	8	7	5	1	6	2	3	9
3	2	5	7	8	9	1	6	4
6	9	1	4	2	3	5	8	7
1	6	9	8	3	7	4	2	5
5	3	2	6	9	4	8	7	1
8	7	4	2	5	1	6	9	3
7	1	8	9	6	5	3	4	2
2	4	3	1	7	8	9	5	6
9	5	6	3	4	2	7	1	8

Puzzle 314

9	5	2	1	7	6	8	4	3
7	6	3	9	4	8	2	5	1
8	4	1	3	2	5	7	9	6
2	3	7	6	9	4	5	1	8
1	9	4	8	5	7	6	3	2
6	8	5	2	1	3	4	7	9
4	1	6	5	8	9	3	2	7
5	2	8	7	3	1	9	6	4
3	7	9	4	6	2	1	8	5

Puzzle 315

5	2	1	6	4	8	9	7	3
6	8	7	1	9	3	5	4	2
9	3	4	2	7	5	6	1	8
4	1	9	8	6	7	3	2	5
2	7	8	5	3	1	4	6	9
3	6	5	4	2	9	7	8	1
1	4	3	7	5	2	8	9	6
7	5	2	9	8	6	1	3	4
8	9	6	3	1	4	2	5	7

Puzzle 316

8	7	1	9	6	2	4	5	3
3	2	4	7	8	5	9	6	1
6	9	5	3	1	4	7	2	8
5	1	3	8	2	9	6	7	4
4	8	2	6	7	1	5	3	9
7	6	9	5	4	3	8	1	2
1	3	7	4	9	6	2	8	5
9	5	8	2	3	7	1	4	6
2	4	6	1	5	8	3	9	7

Puzzle 317

8	2	6	3	1	4	9	7	5
5	3	7	6	2	9	1	8	4
9	1	4	8	5	7	6	2	3
1	8	3	2	4	6	7	5	9
4	6	9	7	8	5	3	1	2
2	7	5	9	3	1	4	6	8
7	9	8	4	6	2	5	3	1
3	4	1	5	7	8	2	9	6
6	5	2	1	9	3	8	4	7

Puzzle 318

3	8	7	1	2	5	4	9	6
2	1	9	6	4	3	7	5	8
4	5	6	7	9	8	2	1	3
7	4	1	9	6	2	8	3	5
9	3	2	5	8	7	6	4	1
5	6	8	3	1	4	9	7	2
6	2	3	4	5	9	1	8	7
1	9	5	8	7	6	3	2	4
8	7	4	2	3	1	5	6	9

Puzzle 319

7	5	1	3	6	9	4	2	8
4	6	3	7	2	8	5	9	1
8	2	9	5	1	4	3	6	7
5	3	6	8	4	2	7	1	9
1	7	2	9	5	3	8	4	6
9	4	8	1	7	6	2	3	5
3	1	4	6	8	5	9	7	2
2	8	7	4	9	1	6	5	3
6	9	5	2	3	7	1	8	4

Puzzle 320

6	2	3	9	8	1	5	7	4
1	8	5	2	4	7	9	6	3
9	4	7	3	6	5	8	1	2
7	1	2	6	9	4	3	8	5
3	6	4	7	5	8	2	9	1
8	5	9	1	3	2	6	4	7
2	9	6	4	7	3	1	5	8
4	3	8	5	1	9	7	2	6
5	7	1	8	2	6	4	3	9

www.ingramcontent.com/pod-product-compliance
Lightning Source LLC
Chambersburg PA
CBHW060415220526
45465CB00008B/2889
* 9 7 9 8 6 5 4 4 7 0 1 6 4 *